Scott Miller | Todd Davis | Victoria Roos Olsson
Willkommen in deinem ersten Führungsjob!

Scott Miller | Todd Davis | Victoria Roos Olsson

Willkommen in deinem ersten Führungsjob!

Die 6 entscheidenden Methoden der Teamführung

Aus dem Amerikanischen von Nikolas Bertheau

Die amerikanische Originalausgabe »Everyone Deserves a Great Manager« erschien 2019
bei Simon & Schuster, New York, USA.
Copyright © der Originalausgabe 2019 by FranklinCovey Company

FranklinCovey and the FC logo and trademarks are trademarks of FranklinCovey Co.
and their use is by permission.

Externe Links wurden bis zum Zeitpunkt der Drucklegung des Buches geprüft.
Auf etwaige Änderungen zu einem späteren Zeitpunkt hat der Verlag keinen Einfluss.
Eine Haftung des Verlags ist daher ausgeschlossen.

Bibliografische Information der Deutschen Nationalbibliothek

Die Deutsche Nationalbibliothek verzeichnet diese Publikation
in der Deutschen Nationalbibliografie; detaillierte bibliografische
Informationen sind im Internet über http://dnb.d-nb.de abrufbar.

ISBN 978-3-96739-003-2

Lektorat: Claudia Franz, Oberstaufen | info@text-it.org
Umschlaggestaltung: Martin Zech Design, Bremen | www.martinzech.de
Titelgrafik: one line man | Shutterstock
Autorenfoto: FranklinCovey Co.
Satz und Layout: Das Herstellungsbüro, Hamburg | www.buch-herstellungsbuero.de
Druck und Bindung: Salzland Druck, Staßfurt

Copyright © 2020 GABAL Verlag GmbH, Offenbach
Alle Rechte vorbehalten. Vervielfältigung, auch auszugsweise, nur mit
schriftlicher Genehmigung des Verlags.

Wir drucken in Deutschland.

www.gabal-verlag.de
www.facebook.com/Gabalbuecher
www.twitter.com/gabalbuecher
www.instagram.com/gabalbuecher

Inhalt

»Ich möchte ein Team führen.«   7

Mach dich auf was gefasst ...   9

Intro: Ich hasse Puderzucker!   13

1. Methode: Entwickle die Einstellung einer Führungskraft   23

2. Methode: Führe regelmäßig 1-zu-1-Gespräche   40

3. Methode: Richte dein Team auf Ergebnisse aus   73

4. Methode: Schaffe eine Feedback-Kultur   101

5. Methode: Steuere dein Team durch die Veränderung   139

6. Methode: Setze deine Zeit und Energie richtig ein   177

Fazit: Bist du das Genie oder der Genie-Macher?   210

Tipps und Tools für die Umsetzung   213

Persönlicher Aktionsplan   224

Anmerkungen   226

Index   228

Die Autoren   230

Über FranklinCovey   233

Über FranklinCovey im deutschsprachigen Raum   235

»Wo siehst du dich in 3 Jahren?«
»Ich möchte ein Team führen.«

Ich war 25 Jahre alt, bewarb mich für meinen zweiten Job nach dem Studium und habe diesen Satz, so wie es viele in einem Bewerbungsgespräch tun, selbstbewusst von mir gegeben. Das war im Jahr 2013.

Zwei Monate später war ich verantwortlich für ein Team von fünf Mitarbeitern, das innerhalb kürzester Zeit auf 25 Mitarbeiter anwuchs. Ein Jahr später gewann ich einen Wettbewerb für junge weibliche Führungskräfte. Heute bin ich selbst Unternehmerin und bei ArtNight, ShakeNight, BakeNight und PlantNight verantwortlich für 80 Mitarbeiter und über 700 Workshopleiter.

Ich liebe es, andere Menschen zu inspirieren, sie anzuspornen und als Sparringspartner dabei zu begleiten, die beste Version ihrer selbst zu werden.

Führungskraft kann man von heute auf morgen werden – insbesondere in jungen Unternehmen steigen Mitarbeiter heutzutage recht schnell auf. Wenn man aber ein guter Leader sein möchte, ist es meines Erachtens essentiell, lernbereit zu bleiben und sich selbst immer wieder zu reflektieren. Denn gute Leader fallen nicht vom Himmel. Sie entwickeln fortlaufend ihre eigenen Fähigkeiten und die ihrer Teams weiter. Das beweist auch eine Gallup-Studie, die in diesem Buch noch näher erläutert wird. Sie besagt, dass Manager für mindestens 70 Prozent der Schwankungen beim Engagement der Mitarbeiter verantwortlich sind. Führung beeinflusst Motivation und Verhalten. Und diese beeinflussen in der Konsequenz die Leistung jedes Einzelnen und damit der gesamten Organisation.

Als mein Chef mir damals verkündete, dass ich nun schneller als gedacht ein eigenes Team leiten würde, war ich voller Euphorie, Motivation, Freude – und Panik. Ich hatte schließlich wenig Erfahrung, weder fachlich noch als Führungskraft. Also dachte ich mir damals: »Fake it, till you make it!« Ich fing an, Bücher zu lesen, Gespräche zu führen und immer wieder ging es darum, wie ich als Führungskraft sein solle oder welchen Führungsstil ich mir aneignen müsse, indem ich meine Art, Kommunikation und Einstellung verändere. Viel wichtiger wäre es jedoch für mich gewesen, Methoden zu erlernen, die mir ermöglicht hätten, als Leader authentisch mein Team zu coachen und zu motivieren, anstatt nach einem fremdbestimmten Schema vorzugehen.

Willkommen in deinem ersten Führungsjob schließt diese Lücke und gibt dir sechs entscheidende Methoden an die Hand, die dir dabei helfen können, eine außergewöhnlich gute Führungskraft zu werden – der Leader, den dein Team wirklich verdient hat.

Dieses Buch ist jedoch nicht ausschließlich für Neulinge in diesem Bereich. Wenn du bereits Führungserfahrung gesammelt hast, findest du hierin praktische Tools für deine Weiterentwicklung. Lerne Neues und wende die vorgeschlagenen Methoden an, um dein Team zu motivieren, ihm Struktur zu geben und transparent zu kommunizieren. Nutz die ausgewählten Praxisbeispiele als Orientierung, um die Führungskompetenzen in deiner Organisation zu schärfen und auszubauen. Oder verwende das Buch als Leitfaden, um andere zu coachen.

Ein wichtiger Tipp, den ich dir gerne mit auf den Weg geben möchte: Erlaub dir, zu lernen und Erfahrungen zu sammeln – eine gute Führungskraft ist das Ergebnis eines Lernprozesses. Jedes Teammitglied ist ein Individuum und du wirst feststellen, dass jeder Mensch anders geführt werden möchte und sollte. Dafür das nötige Fingerspitzengefühl zu entwickeln, braucht Zeit und Übung. Beschäftige dich mit den unterschiedlichen Persönlichkeitstypen deiner Mitarbeiter. Finde heraus, was dich selbst und jeden in deinem Team motiviert, antreibt und welche Stärken jeder hat. Sei neugierig und mutig, die Methoden dieses Buches auszuprobieren und auf die Bedürfnisse deines Teams anzupassen. Auch wenn etwas nicht direkt den gewünschten Effekt hervorbringt oder du dich am Anfang unsicher fühlst, lass dich nicht davon beirren. Ich kenne keine Führungskraft, die auch nach Jahrzehnten der Erfahrung perfekt ist. Gib einfach jeden Tag dein Bestes und entwickle dich stetig weiter – beispielsweise, indem du die Werkzeuge aus diesem Buch in deinen Alltag integrierst. Dann steht deinem Erfolg als Führungskraft nichts mehr im Weg.

Deine
Aimie-Sarah Carstensen

Mach dich auf was gefasst ...

Suchst du den ultimativen Tipp für einen richtig guten Gesprächseinstieg? Frag einfach, ob dein Gegenüber schon mal mit einer inkompetenten Führungskraft zusammengearbeitet hat. Und: Mach dich auf was gefasst! Du wirst krasse Geschichten zu hören bekommen. Fast jeder hat schon mal unter einem Vorgesetzten gelitten, der ihm sämtliche Motivation geraubt und die Freude am Job komplett vermiest hat.

Die meisten von uns hatten leider nicht das Glück, tolle Vorgesetzte zu haben. Führungskräfte, die an sie glaubten und ihnen halfen, das Beste aus sich und ihren Fähigkeiten zu machen.

Clayton M. Christensen, der legendäre Professor von der Harvard Business School, war überzeugt: Kaum etwas in der Welt ist so wichtig wie die Kunst der Mitarbeiterführung. In *Wege statt Irrwege* schrieb er: »Willst du anderen wirklich helfen? Dann werde Führungskraft. Wenn du es richtig machst, ist der Job eines Managers einer der ehrenwertesten, die es gibt. Da bekommt man jeden Tag acht bis zehn Stunden Zuwendung von seinen Mitarbeitern. Man hat die Chance, jeden Menschen und seine Arbeit so zu formen, dass er am Ende seines Arbeitstages nach Hause geht und das Gefühl hat ... ein Leben voller Motivatoren zu führen.«[1]

Das belegen auch die Zahlen: Laut Gallup sind Führungskräfte maßgeblich für das Engagement der Mitarbeiter verantwortlich. Mehr noch: Auf ihr Konto gehen »70 Prozent der Unterschiede im Hinblick auf die Mitarbeitermotivation in den verschiedenen Abteilungen der Unternehmen.«[2]

Die Rolle der Führungskraft gehört zu den wichtigsten – und zu den anspruchsvollsten. Als ich zum ersten Mal ein Team leitete, fand ich mich nur schwer in meine neuen Aufgaben hinein. Was hätte ich für ein Wikipedia für Vorgesetzte gegeben. Wie sehr hätte ich mir einen Online-Doc für meine »Führungsschmerzen« und »Management-Blessuren« gewünscht. Aber so was gab's damals leider noch nicht. Also machten mein Partner und ich uns an die Arbeit. In einem zugigen Kellerraum in San Francisco entwickelten wir unseren eigenen Online-Doc für Vorgesetzte. Dabei stand ein Gedanke im Mittelpunkt: *Jeder verdient einen richtig guten Manager!*

Das Resultat unserer Arbeit war *Jhana*. Heute bietet Jhana ein umfassendes Online-Schulungsangebot für Führungskräfte. Wie wichtig das ist, haben uns zahlreiche Umfragen und Studien gezeigt. Fast alle Befragten gaben an, dass sie Schwierigkeiten hatten, in die Rolle der Führungskraft hineinzuwachsen. Ein Großteil der frischgebackenen Führungskräfte wurde nicht ausreichend auf die neuen Aufgaben vorbereitet. Zudem bekamen die meisten nur sehr wenig Unterstützung von ihren eigenen Vorgesetzten.

Um Jhana immer weiter zu optimieren, widmete sich ein Team aus Postdoktoranden, Wissenschaftlern, Autoren und Technikern der akademischen Forschung. Zudem versammelten wir ein Panel von Führungskräften, die unsere Ergebnisse in der Praxis testeten und entweder bestätigten, verbesserten oder verwarfen. Dabei entstanden wissenschaftlich fundierte, praxiserprobte Lösungen für die Herausforderungen, die alle Manager meistern müssen: Mitarbeiter führen, fördern, unterstützen und motivieren, Aufgaben und Verantwortung abgeben, Ziele setzen und sich als Führungskraft immer weiterentwickeln.

Offensichtlich war ich nicht die einzige neue Führungskraft, die eine solche Hilfe dringend brauchte. Nach dem Start ging Jhana regelrecht durch die Decke. Ob Produktion, Dienstleistung, Technologie, Beratung, Krankenhaus, Schule, Universität oder Behörde: Immer mehr Führungskräfte aus allen möglichen Branchen nutzten unsere Praxislösungen. Um unseren Wirkungsradius maßgeblich zu vergrößern, schlossen wir uns mit FranklinCovey zusammen – einem der weltweit renommiertesten Unternehmen für Führungskräfteentwicklung. Mitbegründer von FranklinCovey ist Stephen R. Covey, Autor des millionenfach verkauften Bestsellers *Die 7 Wege zur Effektivität*. Mittlerweile blickt FranklinCovey auf mehrere Jahrzehnte Erfahrung bei der Lösung der folgenden grundlegenden Führungsfragen zurück:

- Wie können wir Führungskräften zur Seite stehen, damit sie den schwierigsten Übergang in ihrem beruflichen Leben – den Sprung vom Mitarbeiter zum Vorgesetzten – erfolgreich meistern?
- Was können wir tun, damit Führungskräfte ihre Selbstzweifel und ihre Unsicherheit überwinden und die nötige Kompetenz und Sicherheit für ihre Leitungsaufgaben gewinnen?
- Wie können wir Führungskräften und Managern helfen, ihr Potenzial zu verwirklichen, immer mehr zu lernen und sich kontinuierlich weiterzuentwickeln?
- Wie können wir Manager dabei unterstützen, dem enormen Stress standzuhalten, den der Job als Führungskraft häufig mit sich bringt?

Aufbauend auf FranklinCoveys umfassender Erfahrung im Bereich der prinzipienbasierten Führung und Jhanas innovativem Silicon-Valley-Ansatz entwickelten wir ein völlig neues Führungskonzept: *Die 6 entscheidenden Methoden der Teamführung*. Hier ist das Beste aus beiden Welten vereint. Mittlerweile werden die 6 Methoden von Führungskräften in den unterschiedlichsten Ländern, Branchen und Organisationen erfolgreich eingesetzt.

Die Methoden in diesem Buch wurden für Führungskräfte der unteren Ebene entwickelt. Dennoch sind sie ein Gewinn für alle, die Führungsverantwortung wahrnehmen:

- **Wenn du erst seit kurzem in einer Führungsposition bist**, findest du hier bewährte Praxistipps. Sie helfen dir, deine Mitarbeiter so zu führen und zu entwickeln, dass sie zu einem motivierten, leistungsstarken Team zusammenwachsen.
- **Wenn du bereits über Führungserfahrung verfügst**, kannst du dich auf die Methoden konzentrieren, die bislang in deiner Managementausbildung zu kurz kamen. Ob 1-zu-1-Gespräche, das Setzen von gemeinsamen Zielen oder Teamführung in Veränderungsprozessen: Zudem findest du in diesem Buch viele Praxistools, mit denen du die größten Herausforderungen deiner Führungstätigkeit angehen kannst.
- **Wenn du ein Team von Führungskräften leitest**, bekommst du Praxistipps, damit du deine Leadership-Kompetenzen weiter ausbauen kannst. Zugleich hilft dir dieses Buch, Mitgliedern deines Teams,

für die die Führungsrolle neu ist, mit Rat und Tat zur Seite zu stehen.
- **Wenn dein Fachgebiet das Personalwesen, die Mitarbeiter- oder die Organisationsentwicklung ist**, findest du in diesem Buch praktische Hilfestellungen, wie du erfahrene Manager coachen und angehende Führungskräfte gezielt auf ihre Aufgaben vorbereiten kannst.
- **Wenn du Führungskraft auf Vorstandsebene bist**, hilft dir dieses Buch, die 6 entscheidenden Methoden der Teamführung beispielhaft vorzuleben. Das ist der Schlüssel, damit du im gesamten Unternehmen Nachahmer findest. Denn: Solange du diese Methoden nicht selbst anwendest, werden deine Führungskräfte und Manager es ziemlich sicher auch nicht tun.

Mir geht es nicht anders als Scott, Todd und Victoria: Wir alle empfinden die Führungsrolle als äußerst anspruchsvoll, aber zugleich auch als extrem erfüllend. Bist du noch nicht an diesem Punkt angekommen? Dann wird dir dieses Buch helfen, dorthin zu gelangen. Freu dich auf den Weg dahin. Hol dir viele Tipps, Tools, Ideen und Anregungen, wie du das Beste aus dir und deinem Team herausholen und ein bleibendes Vermächtnis als Führungskraft hinterlassen kannst.

Rob Cahill
Mitbegründer und CEO, Jhana
Vice President, FranklinCovey

Intro: Ich hasse Puderzucker!

Es begann, als ich 27 Jahre alt war. Damals war ich ziemlich neu beim Covey Leadership Center, aus dem später FranklinCovey werden sollte. Seit drei Monaten arbeitete ich als Kundenbetreuer für Schulen und Kindergärten. Mein gesamtes bisheriges Leben hatte ich in Florida verbracht, wo ich unter anderem vier Jahre lang für die Walt Disney Company tätig gewesen war. Nun startete ich meinen Neubeginn im Bundesstaat Utah. Hier warteten viele Karrieremöglichkeiten. Und noch was war toll in Utah: Man musste keine Angst haben, im Vorgarten oder auf dem Parkplatz einem hungrigen Alligator zu begegnen.

Eines Tages rief mich der Vice President in sein Büro. Ich war total überrascht. Denn er fragte mich, ob ich bereit wäre, ein Team von Kundenservice-Koordinatoren zu leiten. Alle Mitarbeiter in diesem Team waren schon wesentlich länger im Unternehmen als ich. Als ich mir mein neues Team anschaute, dachte ich: Das sind fähige Leute. Aber es fehlt ihnen an Motivation. Sie wollen keine Verantwortung für ihre Leistung übernehmen. Da bin ich ja genau richtig. Hier ist eine junge, engagierte Führungskraft gefragt, die die Performance-Messlatte deutlich anhebt.

Sofort krempelte ich die Ärmel hoch und machte mich an die Arbeit. Ich war sicher: Der Vice President würde begeistert von mir sein. Meine Mitarbeiter würden mich für meine motivierende Art und mein Expertenwissen bewundern. Ich würde extrem effektiv sein. Schon bald würde ich die nächste Beförderung bekommen, eine satte Gehaltserhöhung und ein noch größeres Team …

Okay, die Wirklichkeit sah dann doch anders aus: Mit allen Mitteln versuchte ich, unsere Produktivität zu steigern und unsere Ergebnisse zu verbessern. Akribisch kontrollierte ich die Anwesenheitszeiten meiner Leute. Eine Mitarbeiterin verdonnerte ich dazu, während ihrer Abwesenheit auf sämtliche Voicemails zu reagieren und mich über alles auf dem Laufenden zu halten. Dabei war sie gerade in den Flitterwochen!

Sie hielt das für einen Scherz.

Ich nicht. (Zu meiner Ehrenrettung sei gesagt, dass sie sich schlichtweg weigerte. Und wir bis heute – 22 Jahre später – gute Freunde sind.)

Ich war wirklich effektiv! Effektiv darin, meine Mitarbeiter zu demotivieren, ihre Selbstachtung zu untergraben und ihnen die Freude zu nehmen, den sie bisher im Job gehabt hatten. Ich führte mich auf wie ein Tyrann. Ich war der Albtraum jedes Mitarbeiters. Und ja: Ich war ein totaler Idiot. Doch ich war felsenfest davon überzeugt, dass ich mit meinem Elan alle in die Erfolgsspur bringen und ihre Einsatzbereitschaft kolossal steigern würde.

Womit wir auch schon beim Puderzucker wären: Eines Morgens las ich vor der Arbeit in einem nahegelegenen Café die Zeitung: Dabei aß ich – du ahnst es sicher schon – eine mit Puderzucker bestreute Waffel. Plötzlich klingelte mein Telefon. Es war der Vice President. Voller Freude dachte ich: Zeit für meine nächste Beförderung!

Stattdessen sagte er: »Wie du weißt, trage ich mich schon eine Weile mit dem Gedanken ...« Drei Minuten später war es dann passiert. Mit freundlichen, aber entschiedenen Worten teilte er mir mit, dass es aus und vorbei war mit meiner Führungsposition. Ab sofort war ich wieder ein ganz normaler Kundenbetreuer.

Meine Beförderung war rückgängig gemacht worden ... nach gerade mal drei Wochen. Ich legte meine Gabel hin. Mir war ganz flau im Magen. Das war also das Ende meiner ersten Führungsposition *und* meiner Vorliebe für Puderzucker.

Zu meinem Glück gab mir mein Arbeitgeber FranklinCovey eine zweite Chance – genauer gesagt, viele zweite Chancen. Mithilfe von Coaching und schmerzlicher Selbsterkenntnis lernte ich, meine Mitarbeiter so zu führen, dass wir geschäftlich erfolgreich waren und jeder im Team sich weiterentwickeln konnte.

Nach vier Jahren bekam ich erneut die Chance, mich in der Führungsrolle zu bewähren: Ich wurde Leiter eines Teams von fünfzehn gestandenen Außendienstmitarbeitern in unserer Abteilung für das höhere Bildungswesen.

Inzwischen hatte ich gelernt, wie man Teamsitzungen durchführt, Projekte managt, Umsatzprognosen erstellt und lukrative Aufträge an Land zieht. Kurzum: Ich kannte mich im Vertriebsmanagement aus.

Doch das ist was ganz anderes als Mitarbeiterführung. Hier ließ der entscheidende Erkenntnisschritt auf sich warten. Doch dann wurde ich zum General Manager der Midwestern-Region ernannt.

Jetzt waren ganz andere Fähigkeiten gefragt: eine ausgefeiltere Personalstrategie, mehr Einfühlungsvermögen und mehr Durchsetzungskraft. Ich musste Dutzende Mitarbeiter interviewen und einstellen – und manchmal auch entlassen. Dazu musste ich lernen, leistungsstarke Mitarbeiter zu fördern, leistungsschwache Teammitglieder zu motivieren und schwierige Gespräche zu führen. Woche für Woche galt es, Entscheidungen mit sechsstelligen Konsequenzen zu treffen.

In dieser Rolle lernte ich, die Führungskraft zu sein, die meine Mitarbeiter wirklich verdienten. Ich war für 40 Mitarbeiter verantwortlich, die Familien ernähren, Kredite abbezahlen und fürs Alter vorsorgen mussten. Sie alle hatten hochfliegende Karriereträume. Diese Mitarbeiter zu führen, verlangte von mir einen ganz anderen Grad an Reife, Umsicht und Urteilsvermögen. Meine Führungsposition musste ich mir erst »verdienen«. Sie kam nicht automatisch mit meiner Beförderung. Im Gegenteil: Ich musste mir meine Glaubwürdigkeit sehr hart erarbeiten.

Damals sagte mir mein Mentor: »Scott, in zehn Jahren wird sich niemand mehr daran erinnern, ob du im zweiten Quartal die Gewinnerwartungen erfüllt oder deine Marge um 4 Prozent gesteigert hast. Natürlich musst du gute Ergebnisse vorweisen, um deine Führungsposition zu behalten. Aber was letztlich bleibt, sind die Lebensläufe, die du positiv beeinflusst, und die Karrieren, die du gefördert hast.« Mein Mentor erzielte herausragende Umsätze. Das beeindruckte mich wirklich. Doch eins war noch viel wichtiger für mich: Ich sah, wie er als Vorbild und Coach anderen Selbstvertrauen gab und ihr Leben nachhaltig positiv beeinflusste. Dasselbe setzte auch ich mir zum Ziel.

Ich hatte am eigenen Leib erlebt, wie schwer und schmerzvoll der Weg zur erfolgreichen Führungskraft sein kann. Deshalb war es mein fester Entschluss, anderen dabei zu helfen, diesen herausfordernden Prozess zu meistern. Meine Autorenkollegen Todd und Victoria teilen diese Leidenschaft und bringen ihre eigenen Führungsherausforderungen und -erfahrungen in dieses Buch ein. Denn eins ist uns klar geworden: Ein Leitfaden, der auf die Praxiserfahrungen erfolgreicher Führungskräfte und zudem auch auf die Forschungsergebnisse von FranklinCovey zurückgreift, kann für sehr viele Manager eine große Hilfe sein.

Wir haben in diesem Buch unser gesammeltes Wissen zusammengetragen, um unseren Leserinnen und Lesern zu helfen, ihrer Führungsrolle mit Zuversicht und Selbstvertrauen gerecht zu werden. Wir zeigen dir, wie herausragende Führungspersönlichkeiten denken und handeln. Zudem warten bewährte Praxistipps für die größten Herausforderungen in Sachen Führung auf dich. Natürlich kommen auch nützliche Tools wie Fragebögen, Checklisten, Anekdoten und Beispiele nicht zu kurz.

Willkommen in deinem ersten Führungsjob! bietet dir die Orientierung für deine Leitungsposition, die du dir gewünscht, aber bisher vielleicht nicht erhalten hast. Hier bekommst du die Unterstützung, das Wissen und die Strategien, um dich als Führungskraft weiterzuentwickeln und aus deinen Mitarbeitern ein motiviertes, leistungsfähiges Team zu formen.

Deine Rolle ist heute wichtiger als je zuvor

Von diesem Buch profitieren Führungskräfte aller Ebenen. Besonders viel haben sicher Führungskräfte der untersten Ebene davon. Als First Line Manager stehen sie oft an der Spitze von Teams aus Mitarbeitern, die selbst keine Führungsverantwortung tragen. Die unterste Ebene der Führungskräfte wird immer wichtiger. Warum das so ist? Wie Führungskräfteberater und Bestsellerautor Ram Charan beobachtet hat, führt die zunehmende Digitalisierung in den Unternehmen zur Eliminierung ganzer Hierarchieebenen. Was im Wesentlichen übrig bleibt, ist die unterste Ebene von Führungskräften. Ihr Einfluss und ihre Verantwortung sind heute so groß wie nie zuvor.

Der *Harvard Business Review* schreibt: »Rund 20 Prozent aller Webseiten in der Welt werden heute mit WordPress erstellt. Das macht WordPress zu einem der wichtigsten Internet-Unternehmen. Dabei beschäftigt Automattic, die Firma hinter WordPress, gerade mal ein paar hundert Mitarbeiter. Sie sind auf der ganzen Welt verstreut, leisten ausschließlich Telearbeit und sind durch eine extrem autonome, flache Managementstruktur verbunden.«[3] Vor ein paar Jahren hätte das Unternehmen wahrscheinlich noch ein Organigramm gehabt, das ähnlich kompliziert gewesen wäre wie der Londoner Underground-Plan. Heute sorgen ein paar über einen Slack-Channel miteinander verbundene Entwickler für das Funktionieren von einem Fünftel aller Webauftritte weltweit.

In »alten« Tagen hatten Führungskräfte der untersten Ebene diverse Vorgesetzte über sich. Diese sind die Hierarchieleiter stetig hochgeklettert und haben dabei ihren Erfahrungsschatz kontinuierlich erweitert. Führungskräfte mit weniger Erfahrung konnten vom Fachwissen der erfahrenen Kollegen in vielerlei Hinsicht profitieren. Heute sieht die Sache ganz anders aus: Die meisten Führungsebenen sind einfach verschwunden. Das Ergebnis? Die einzig verbleibende Ebene bekommt häufig keine ausreichende Unterstützung.

Als Führungskraft der untersten Ebene wird einiges von dir erwartet: Du sollst die Stärken und Schwächen deiner Mitarbeiter kennen, auf alles eine Antwort haben und nicht länger nur deine eigenen Ergebnisse, sondern die Resultate deines gesamten Teams im Blick haben. Und das alles von jetzt auf gleich! Du sollst in komplexen Situationen die richtigen Entscheidungen treffen, deine Mitarbeiter zur verbindlichen Erfüllung ihrer Aufgaben anhalten und Ziele erreichen, die dir von anderer Stelle vorgegeben werden.

Auf einmal sollst du für die Leistung eines ganzen Teams geradestehen. Dabei bist du oft der mit der wenigsten Erfahrung und dem geringsten Fachwissen. Du lernst nach der Methode »Versuch und Irrtum«. Dir bleibt auch gar nichts anderes übrig. Das belegt auch der *Harvard Business Review*. Hier ist nachzulesen, dass das Durchschnittsalter, in dem jemand seine erste Führungsrolle übernimmt, 30 Jahre beträgt.

Doch das erste *Führungstraining* bekommen die meisten erst mit 42. Im Umkehrschluss heißt das: »Im Schnitt machen Führungskräfte ihren Job mehr als zehn Jahre ohne angemessene fachliche Vorbereitung.«[4] Stell dir mal einen Arzt, Piloten oder Ingenieur vor, der zehn Jahre lang ohne fachliche Qualifikation seine Arbeit macht – absolut undenkbar! Aber warum geben wir uns dann mit so viel weniger zufrieden, wenn es um Funktionen geht, die für unsere Unternehmen absolut zentral sind?

Wir von FranklinCovey widmen uns schon seit Jahrzehnten intensiv der Forschung zum Thema Führung. Dabei haben wir festgestellt: Führungskräfte der untersten Ebenen sind zunehmend frustriert über den Mangel an fachlicher Begleitung und Hilfestellung. Viele fürchten sich insbesondere vor schwierigen Gesprächen. Wenn sie keine Unterstützung bekommen, ist die Gefahr groß, dass sie die Führungsrolle

> **Führung und Management**
>
> Vielleicht ist dir schon aufgefallen, dass wir die Begriffe »Führungskraft« und »Manager« in diesem Buch mehr oder weniger synonym verwenden. Wir tun das bewusst und versuchen nicht, den Unterschied zwischen beiden hervorzuheben. Eins dürfte jedem klar sein: Manche Führungskräfte sollten bessere Manager und manche Manager bessere Führungskräfte sein. Die philosophischen Definitionen möchten wir jedoch den Akademikern überlassen. Deshalb bitten wir dich, dich nicht weiter daran aufzuhängen, wenn wir hier den einen und da den anderen Begriff verwenden.

wieder aufgeben und ihrem Arbeitgeber am Ende sogar ganz den Rücken kehren.

Uns ist klar: Deine Rolle ist eine große Herausforderung. Doch es lohnt sich, nicht vorschnell die Segel zu streichen. Wenn du deine Sache gut machst, kannst du das Leben und die berufliche Zukunft deiner Mitarbeiter entscheidend verbessern. Das ist keine Übertreibung. Stress im Job kann für jeden von uns schnell zu einem körperlichen, mentalen und emotionalen Problem werden. Das gilt natürlich auch für dich. Als Führungskraft sitzt du jedoch am entscheidenden Hebel, um es deinen Mitarbeitern zu erleichtern, mit diesen Schwierigkeiten fertig zu werden. Es ist unsere feste Absicht, dir zu helfen, die Führungskraft zu werden, die du selbst und deine Mitarbeiter wirklich verdienen.

Die 6 entscheidenden Methoden der Teamführung

Um die unvermeidbaren Herausforderungen des Führens erfolgreich zu meistern, brauchst du Selbstvertrauen und Kompetenz. Beides wollen wir dir gerne vermitteln. Dazu hat FranklinCovey die komplexe und verwirrende Welt der Mitarbeiterführung auf das Wesentliche heruntergebrochen. Dabei sind die *6 entscheidenden Methoden der Teamführung* entstanden.

Diese Methoden wurden von Führungskräften auf der ganzen Welt in der Praxis getestet und immer weiter verbessert. Mittlerweile wird dieses innovative Führungskonzept von Tausenden Unternehmen,

Non-Profit-Organisationen, Behörden, Schulen und Universitäten mit sehr großem Erfolg eingesetzt:

1. **Methode:** Entwickle die Einstellung einer Führungskraft
2. **Methode:** Führe regelmäßig 1-zu-1-Gespräche
3. **Methode:** Richte dein Team auf Ergebnisse aus
4. **Methode:** Schaffe eine Feedback-Kultur
5. **Methode:** Steuere dein Team durch Veränderungen
6. **Methode:** Setze deine Zeit und Energie richtig ein

Dieses Buch baut auf FranklinCoveys Workshop-Programm *Die 6 entscheidenden Methoden der Teamführung* auf. Aber was bringt es dir ganz konkret?

- **Du lernst, wie du den größten Sprung in deinem Berufsleben meisterst.** Die 6 Methoden helfen dir, dich mental auf deine Führungsrolle einzustellen, ohne dabei die Qualitäten aufzugeben, die dich zu einem engagierten, leistungsstarken Mitarbeiter gemacht haben. Zugegeben, manchmal sieht es so aus, als ob man beides nicht unter einen Hut bekommen könnte. Aber im Laufe dieses Buches wirst du sehen, dass es tatsächlich machbar ist.
- **Du kannst die Methoden sofort anwenden.** Ganz gleich, ob dein Team aus 5 oder 50 Mitarbeitern besteht: Wir geben dir Tools an die Hand, die du jetzt und sofort einsetzen kannst. Zu jeder Methode bekommst du zudem zahlreiche Schritt-für-Schritt-Anleitungen, die du unmittelbar in der Praxis nutzen kannst.
- **Du siehst rasch erste Erfolge.** Wir haben aus Jahrzehnten der Forschung, Hunderten von Interviews mit Führungskräften und Zehntausenden von Assessments genau die Methoden herausdestilliert, die Führungskräften insbesondere der untersten Ebene innerhalb kurzer Zeit den größten Nutzen bringen.

Lies dieses Buch von vorn bis hinten. Wenn du alles durchgearbeitet hast, leg es nicht einfach zur Seite. Halt es griffbereit für den Fall, dass du konkrete Informationen, Anregungen oder Tools benötigst. Das Buch ist so aufgebaut, dass es sich sowohl fürs intensive Studium als auch fürs spontane Nachschlagen eignet.

Deine Coaches auf den folgenden Seiten werden Todd Davis, Victoria Roos Olsson und ich, Scott Miller, sein. Als FranklinCoveys Chief

> **Auch erfahrene Führungskräfte profitieren von den 6 Methoden**
> Dieses Buch ist in erster Linie für Führungskräfte der untersten Ebene gedacht. Doch auch Führungskräfte höherer Ebenen werden sicher davon profitieren. Denn: Hier geht es um Fähigkeiten, die jeder Manager braucht. Auch wenn du als Führungskraft für 500 Mitarbeiter verantwortlich bist, solltest du dich immer wieder auf die Grundlagen besinnen. Für erfahrene Führungskräfte ist dieses Buch teils Auffrischung, teils Kurskorrektur. Zudem kannst du die 6 Methoden nutzen, um diejenigen unter deinen Mitarbeitern zu coachen, die selbst Führungsverantwortung tragen.

People Officer kennt sich Todd bestens mit den Bereichen Unternehmenskultur sowie Team- und Mitarbeiterentwicklung aus. Zudem ist Todd Autor des Bestsellers *Werde besser! 15 bewährte Strategien zum Aufbau effektiver Beziehungen im Job*. Todd wird dir als Mentor zur Seite stehen, wenn es um den Aufbau effektiver Teambeziehungen und Arbeitsstrukturen geht. Er gibt dir seine gesammelte Erfahrung aus der Praxisarbeit mit Hunderten von Teams und Unternehmen weiter.

— — — — — — —

Will ich selbst eine spitzenmäßige Führungskraft sein? Oder ist es mir wichtig, dass mein Team von einer wirklich kompetenten Führungskraft geleitet wird?

Die eine Frage dreht sich um mich; die andere um meine Leute.

Wenn ich selbst eine spitzenmäßige Führungskraft sein will, ist das ein Zeichen dafür, dass ich Leadership durch meine eigene Brille sehe: Was zeichnet mich als Führungskraft aus? Was verschafft mir Glaubwürdigkeit? Was bringt mich beruflich weiter?

Aber was ist, wenn ich meine Blickrichtung ändere? Wenn ich den Fokus darauf richte, dass meine Mitarbeiter eine wirklich kompetente Führungskraft haben? Dann kümmere ich mich nicht um meine eigenen Lorbeeren. Ich will, dass mein Team sein Potenzial voll ausschöpft – unabhängig davon, ob andere sehen, wie viel ich selbst dazu beigetragen habe.

Als mein Vater starb, fanden wir heraus, dass er jahrzehntelang Dutzende von Menschen anonym unterstützt hatte. Sein Ziel war es, andere zu unterstützen und ihnen das Leben zu erleichtern. Ihm ging es nicht darum, als Wohltäter aufzutreten. Genau darin glich er den besten Führungskräften.

Wir alle wünschen uns Anerkennung – und sei es auch nur ein kleines bisschen. Doch die Fokussierung auf andere ist wahrscheinlich der schönere und erfüllendere Teil unseres Berufslebens.

TODD

––––––––

Victoria Roos Olsson arbeitet als Senior Leadership Consultant für FranklinCovey. Sie kennt sich in der Praxis aus. Zudem steuert sie als Schwedin die internationale Komponente in diesem Buch bei. Von Beijing über Dubai bis Brüssel: Du wirst von ihrer Erfahrung in der Führungskräfteentwicklung und in der Leitung zahlreicher Teams profitieren, die sie während zweier Jahrzehnte in großen Organisationen aus aller Welt gesammelt hat. Als zertifizierte Yoga-Lehrerin wird Victoria dir zudem helfen, den »ganzen Menschen« in deinen Führungsansatz zu integrieren.

––––––––

Ich werde nie vergessen, wie meine Freundin Sofia mich eines Abends anrief. Sie war total aufgeregt. Kein Wunder! Sie war gerade in ihre erste Führungsrolle befördert worden. Sofia bat mich, ihr alles zu sagen, was ich darüber wusste, wie man ein Team führt ... in einer halben Stunde!

Da es eine schnelle, interne Beförderung war, musste Sofia ihre neue Stelle schon am nächsten Tag antreten. Ich erzählte ihr an diesem Abend so viel, wie ich nur konnte. Wer zum ersten Mal Führungsverantwortung übernimmt, braucht allerdings weit mehr als ein paar Minuten, um sich auf den größten Sprung in seiner Karriere vorzubereiten.

Die Situation von Sofia ist kein Einzelfall. Im Gegenteil: Sofias gibt es viele da draußen in den Unternehmen. Überall trifft man auf frischgebackene Führungskräfte, die mit einem freundlichen Schulterklopfen ins kalte Wasser geworfen werden. Sie machen sich mit viel Enthusiasmus ans Werk und sind zugleich von ihren neuen Aufgaben komplett überrumpelt. Für sie alle haben wir dieses Buch geschrieben.

VICTORIA

Und ich selbst? Ich bringe zwei Jahrzehnte Führungsfehler, gelernte Lektionen und Erfolge mit – von meiner ersten widerrufenen Beförderung bis zu meiner Bewährung als Vertriebsleiter, General Manager, Executive Vice President und Chief Marketing Officer. Wie meine zwei Mitautoren möchte auch ich dir ungeschönt von meinen ruhmreichen und von meinen weniger ruhmreichen Erfahrungen berichten. So bekommst du die Chance, von unserem gemeinsamen Erfahrungsschatz zu profitieren. Wir hoffen, dass unsere Offenheit dir hilft, so manchen Fehler zu vermeiden, den wir gemacht haben. Neben unseren eigenen Erfahrungen findest du in diesem Buch auch Wissen, Praxisberichte und Erkenntnisse, die renommierte Führungsexperten außerhalb von FranklinCovey beigesteuert haben.

Mir fällt in diesem Buch die Rolle des Erzählers zu – mit Ausnahme der 6. Methode. Hier wird Victoria ihr gesammeltes Wissen und ihre umfassende Erfahrung einbringen. Aus Gründen der Vertraulichkeit haben wir einige Namen und kleinere Details in unseren Geschichten geändert.

Viele Mitarbeiter betonen, dass ihre Beziehung zu ihrem unmittelbaren Vorgesetzten die wichtigste in ihrem gesamten Berufsleben ist. Diese Beziehung ist ausschlaggebend dafür, ob sie in einem Unternehmen bleiben oder ob sie sich einen neuen Job suchen. Das Wissen und die Fähigkeiten aus diesem Buch ermöglichen es dir, eine weitaus bessere und kompetentere Führungskraft zu werden. Wenn dir das gelingt, wirst du mehr Erfüllung in deinem Beruf finden und mehr Aufstiegsmöglichkeiten bekommen. Noch wichtiger aber ist, dass du dann die Chance hast, einen positiven Einfluss auf das Leben anderer auszuüben. So wirst du die Führungskraft, die deine Mitarbeiter und du selbst wirklich verdienen.

1. Methode
Entwickle die Einstellung einer Führungskraft

Ich bin in einer typischen Mittelschichtfamilie in Florida aufgewachsen. Mein Bruder und ich fuhren mit dem Fahrrad zur Schule, besuchten sonntags die Kirche und hatten abends um halb acht im Bett zu sein. Wir führten ein ruhiges, geordnetes Leben. Als Kind war ich fest davon überzeugt, dass auch alle anderen Familien so lebten wie wir. Man brachte mir bei, an gewisse Dinge zu glauben. Beispielsweise redete man mir ein, dass bestimmte Menschen grundsätzlich die Wahrheit sagen und immer Recht haben: Eltern, Polizisten und Priester.

Oha!

Sagen Eltern immer die Wahrheit? Schön wär's. Polizisten? Leider nein. Kann man allen Priestern trauen? Weit gefehlt.

Das, was mir eingetrichtert wurde, war ein »Paradigma« – eine nicht wirklich hilfreiche *Denkgewohnheit*. Paradigmen sind die Brillen, durch die wir die Welt sehen. Welche Paradigmen wir haben, hängt davon ab, wie wir aufgewachsen sind und wie wir von anderen beeinflusst wurden. Wir alle tragen diese metaphorischen Brillen, die uns ein unterschiedlich genaues Abbild von der Welt vermitteln. Manche Brillen gewähren uns gute Sicht, während wir durch andere alles nur sehr verschwommen oder verzerrt wahrnehmen.

Meistens ist uns gar nicht bewusst, welche Denkgewohnheiten wir mit uns herumschleppen. Niemand von uns steht morgens auf und sagt: Oh ja, heute laufe ich mit diesem oder jenem Vorurteil durch die Welt. (Na ja, das hoffe ich zumindest!) Dennoch sind wir alle zutiefst von den Erlebnissen und Erfahrungen geprägt, die wir als Kind gemacht haben. Wie groß ihr positiver oder negativer Einfluss auf unser gesamtes späteres Leben ist, ist allerdings nur den wenigsten von uns klar.

PROBIER ES AUS! ✪

Komm deinen Paradigmen auf die Spur

Erstell eine Liste deiner Mitarbeiter. Schreib immer auch dazu, was du von der betreffenden Person hältst. Atme tief durch und frag dich: »Was hat mich zur Überzeugung gebracht, dass diese Person immer unpünktlich ist? Dass sie planlos, besserwisserisch oder schlichtweg genial ist?«

Wirst du deinen Mitarbeitern mit diesen Einschätzungen tatsächlich gerecht? Wie viel von deiner eigenen Unsicherheit oder Eifersucht fließt hier mit ein? War nur die letzte Begegnung ausschlaggebend oder liegt deiner Beurteilung eine Reihe von Beobachtungen zugrunde?

Nimm dir jetzt die Paradigmen vor, die du im Hinblick auf dich selbst hast. Hast du bestimmte fixe Vorstellungen von dir, die dich daran hindern, dein Potenzial wirklich auszuschöpfen? Frag dich: »Ist meine Selbsteinschätzung begründet? Und wenn nicht, wie kann ich sie ändern?«

Name: _____ Überzeugungen: _____

_____

Name: _____ Überzeugungen: _____

_____

Name: _____ Überzeugungen: _____

_____

TODD

Und was ist mit meinem Paradigma hinsichtlich der Wahrheitsliebe von Eltern, Polizisten und Priestern? In allen drei Fällen war ich meist von guten Beispielen umgeben. Aber was wäre passiert, wenn ich weniger Glück mit Eltern, Polizisten und Priestern gehabt hätte? Dann hätte dieses Paradigma ernsten Schaden bei mir anrichten können. So aber wurde ich erst relativ spät darauf gestoßen, dass Eltern auch nur Menschen mit allen ihren Schwächen und Fehlern sind. Und ich musste über 30 Jahre alt werden, bis ich begriff, dass Führungskräfte nicht immer die richtigen Entscheidungen treffen und nicht immer auf alles die richtige Antwort haben.

Deine Aufgabe als Führungskraft ist es, deine Paradigmen regelmäßig zu überprüfen und sicherzustellen, dass sie tatsächlich die Realität widerspiegeln. Frage dich immer wieder: Was verstehst du unter »Führung«? Wie siehst du deine Mitarbeiter? Und wie siehst du dich selbst? Vielleicht traust du manchen Mitarbeitern nur deshalb mehr zu, weil sie deine Sicht der Dinge teilen? Und: Kann es sein, dass Leute, die es wagen, dir auch mal zu widersprechen, in deinen Augen weniger »Potenzial« haben? Womöglich zweifelst du insgeheim an deiner Eignung zur Führungskraft? Bist du sogar überzeugt, dass deine Unfähigkeit früher oder später ans Licht kommen wird?

Der Sehen-Tun-Erreichen-Zyklus

Vor einigen Jahren war ich mit einer guten Freundin in Utah beim Skifahren. Sie war bislang lediglich ein paar Mal den Anfängerhügel hinuntergefahren. Dennoch überredete ich sie, gemeinsam mit mir die schwarze Piste zu nehmen. »Nun komm schon!«, drängte ich sie. »Da ist nichts dabei. Schwarze Piste! Juhu!« Nachdem ich sie bis an den Anfang der extrem steilen schwarzen Piste gelotst hatte, gab ich ihr einen ermutigenden Schubs.

Wenige Meter später stürzte sie schwer und musste mit dem Rettungsschlitten abtransportiert werden. Keine Sorge, meine Freundin hatte sich zum Glück nicht ernsthaft verletzt und war bald wieder ganz gesund. Allerdings fuhr sie nie wieder Ski – jedenfalls nicht mit mir!

Was ich dir mit dieser Geschichte sagen will? Eines Tages wurde mir bewusst, dass ich etwas Ähnliches auch als Führungskraft tue. Während viele Teamleiter ihren Mitarbeitern zu wenig zutrauen und ihnen keine echten Bewährungschancen geben, mache ich oft das Gegenteil: Ich glaube, dass jeder alles schaffen kann, wenn man ihn nur richtig motiviert. Ich beschreibe meinen Mitarbeitern meine Vision in den schillerndsten Farben und wecke so jede Menge Begeisterung in ihnen. Ich vertraue ihnen voll und ganz. Mein Ziel ist es, ihnen zu helfen, ihr volles Potenzial auszuleben ... Doch ist ihr Selbstvertrauen meinen hohen Erwartungen tatsächlich gewachsen?

Manchmal funktioniert mein »Schwarze-Pisten«-Paradigma. Dann geht die Rechnung auf. Aber hin und wieder lotse ich meine Leute auch auf extrem schwierige schwarze Pisten: »Nein wirklich, du kannst das. Es ist ganz leicht. Nur eine kleine Rede vor 2000 Zuhörern. Du schaffst das!«

Wenn ich Mitarbeitern wichtige Aufgaben übertrage, sie in fremde Länder schicke, sie vor 2000 Zuhörern auftreten lasse oder ihnen große Beratungsprojekte anvertraue, sind die Risiken groß. Wenn ich übers Ziel hinausschieße, zerstöre ich im schlimmsten Fall ihr Selbstvertrauen, ihren guten Ruf oder sogar ihre gesamte berufliche Zukunft.

Für mich heißt das: Ich muss mein Vorgehen öfter überdenken und mich auf etwas besinnen, das wir bei FranklinCovey lehren: den Sehen-Tun-Erreichen-Zyklus. Er ist die Grundlage für jede nachhaltige Verhaltensänderung. Nur wenn du deine Denkgewohnheiten auf den Prüfstand stellst, kannst du dein Verhalten und damit auch deine Ergebnisse positiv verändern.

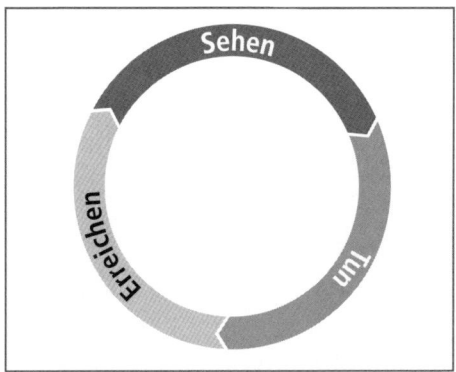

Der Sehen-Tun-Erreichen-Zyklus

Diesen Zyklus verstehst du am besten, wenn wir mit dem angestrebten Ergebnis beginnen – der »Erreichen«-Phase. Wir alle haben irgendwelche Ziele, die wir erreichen wollen. Einerseits peilen wir langfristige Ziele an – beispielsweise eine bessere Fitness, vertrauensvollere Beziehungen oder mehr Einfluss in unserem beruflichen Umfeld. Andererseits wollen wir kurzfristige Ergebnisse erreichen, die wir uns zum Beispiel von einem Arbeitstag, einem Meeting oder einem Projekt erhoffen.

Welche Ergebnisse wir erzielen, hängt von unserem Verhalten ab – der »Tun«-Phase. Wenn wir kurz vor Büroschluss einen Bericht abgeben wollen, müssen wir tagsüber alles Notwendige dafür tun. Beispielsweise müssen wir uns Zahlen aus dem Controlling besorgen, Statistiken erstellen oder unnötige Ablenkungen vermeiden. Wenn wir uns gute Beziehungen zu unseren Kollegen wünschen, können wir uns mit ihnen zum Mittagessen verabreden. Und wenn wir sichergehen wollen, dass unsere Präsentation ein Erfolg wird, sollten wir sie vorher Schritt für Schritt durchspielen. Kurz gesagt: Zwischen unserem Verhalten und dem Ergebnis besteht ein enger Zusammenhang. Was du *tust*, bestimmt am Ende, was du *erreichst*.

Daran ist nichts Überraschendes – und das dürfte den meisten auch klar sein. Allerdings ist den meisten nicht klar, welche wichtige Rolle die erste Phase, das »Sehen«, im Hinblick auf unsere Ergebnisse spielt. Unsere Ergebnisse hängen nicht allein von unserem Verhalten, sondern auch von unserem Denken ab. Denn: Unser Denken bestimmt unser Verhalten, und das wiederum ist ausschlaggebend für unsere Ergebnisse.

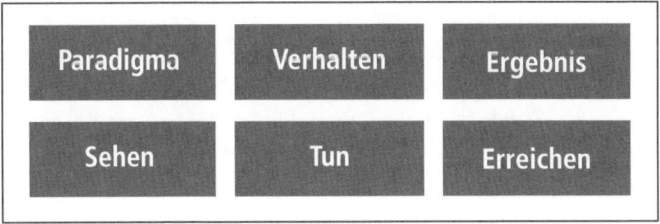

Wenn du kurzfristig Ergebnisse erzielen willst, musst du dein Verhalten ändern. Beispielsweise hörst du mit dem Rauchen auf. Doch dann wird der Job wieder mal total stressig – und schon greifst du wieder zum Glimmstängel. Oder du hast dir fest vorgenommen, jeden Tag morgens vor der Arbeit Sport zu machen. Deshalb stellst du dir am Sonntagabend den Wecker für Montag auf fünf Uhr und raffst dich dann tatsächlich auf. Allerdings nur am Montag – den Rest der Woche drückst du wieder die Schlummertaste. Was ich dir damit sagen will? Reine Verhaltensänderungen halten meist nicht lange an. Oft sind sie nur ein kurzes Strohfeuer.

Dr. Stephen R. Covey hat es wunderbar auf den Punkt gebracht: Wenn du deine Ergebnisse grundlegend verändern und eine nachhaltige Wirkung erzielen möchtest, musst du deine Denkgewohnheiten, deine Paradigmen auf den Prüfstand stellen.

Nehmen wir mein »Schwarze-Pisten«-Paradigma als Beispiel: Nachdem mir dieses Paradigma bewusst wurde, stellte ich es in Frage. Manchmal hatte ich damit Erfolg. Manchmal aber auch nicht. Und die Tatsache, dass meine Bekannte das Skifahren aufgegeben hatte, gab mir sehr zu denken. Deshalb überprüfte ich meine Vorstellungen davon, wie ich anderen zum Erfolg verhelfen konnte (Sehen). Anstatt mit Juhu-Rufen ihren Eifer anzufachen, helfe ich meinen Mitarbeitern verstärkt beim Auf- und Ausbau ihrer Fähigkeiten. Zudem gebe ich jedem die ehrliche Chance, sich gegen meinen ehrgeizigen Plan zu entscheiden (Tun). Ich habe gelernt, mich auf die Weiterentwicklung derjenigen zu fokussieren, die wirklich dazu bereit sind (Erreichen). Dadurch hat sich die Zahl der Mitarbeiter verringert, die ich gefährliche schwarze Pisten hinunterschubse.

― ― ― ― ― ― ―

Stell dir bitte eine Führungskraft vor, der die Leitung eines wichtigen Projekts übertragen wurde. Wenn sie dieses Projekt erfolgreich abschließt, ist das ein großer Meilenstein in ihrer Karriere. Es könnte ihr sogar die ersehnte Beförderung bringen. Als sie jedoch die Liste mit den Leuten sieht, die für das Projekt abgestellt wurden, schießt ihr sofort ein Gedanke durch den Kopf: »O nein! Nicht ausgerechnet diese zehn. Die bringen doch nie was auf die Reihe.«

Was ist, wenn dieses Paradigma das Denken der Führungskraft bestimmt? Wird sie sich mit ihrem Team zusammensetzen und den Mitarbeitern in Ruhe zuhören? Wird sie sich dafür interessieren, was die Leute meinen? Wird sie wichtige Aufgaben delegieren? Wohl kaum! Falls sie doch etwas abgibt, dann nur einfache Dinge, bei denen man nichts falsch machen kann. Zudem wird sie die Mitarbeiter nicht aus den Augen lassen *und alles doppelt und dreifach kontrollieren – ein Verhalten, das man auch als Mikromanagement bezeichnet.*

Stell dir jetzt bitte vor, du wärest einer von den Mitarbeitern, die diesem Team zugeteilt wurden. Die Führungskraft hört dir nicht zu und interessiert sich überhaupt nicht für deine Sicht der Dinge. Sie kritisiert und korrigiert alles, was du tust. Wie würdest du dich dann fühlen? Würdest du diesem frustrierenden Projekt den Vorrang vor deinen vielen anderen Aufgaben geben? Würdest du dein ganzes Können und deine ganze Energie in dieses Projekt stecken? Vermutlich nicht.

Am Ende wird es darauf hinauslaufen, dass die Führungskraft sich bestätigt sieht. Ihr Bild von den Leuten in ihrem Team prägte das Verhalten der Führungskraft. Dieses Verhalten wiederum führte dazu, dass niemand im Team sich wirklich anstrengte. Die Vorabeinschätzung der Führungskraft wurde dadurch bestätigt. Sie hatte Recht! Oder vielleicht doch nicht?

VICTORIA

– – – – – – –

Vom Mitarbeiter zur Führungskraft

Rasen, Sand oder Hartplatz: Im Tennis sind je nach Bodenbeschaffenheit sehr unterschiedliche Fähigkeiten gefragt. Wenn du in Wimbledon gewinnst, erwartest du wahrscheinlich nicht, dass dein Trainer anschließend sagt: »Glückwunsch, du hast auf Gras gewonnen. Aber um auf Sand zu gewinnen, musst die die Dinge jetzt völlig anders angehen.« Du erwartest, mit Lob überschüttet zu werden. Doch stattdessen bekommst du einen heftigen Schuss vor den Bug.

Die Welt des Profitennis ist voll von Champions, die es nicht geschafft haben, ihre Überlegenheit von einem Belag auf den anderen zu übertragen. Ähnlich geht es vielen engagierten Mitarbeitern, die sich unverhofft in einer Führungsrolle wiederfinden. Den meisten ist nicht klar, dass sie ihr Denken und Handeln jetzt grundlegend verändern müssen. Viele der Paradigmen, die ihnen geholfen haben, ihre Führungsposition zu erlangen, sind jetzt kontraproduktiv. Vielleicht kennst du den Gallup-Titel *Entdecken Sie Ihre Stärken jetzt!* Ein Nachfolgeband mit dem Titel *Entdecken Sie Ihre Stärken im Verkauf!* befasst sich mit genau diesem Thema. Hier geht es um Außendienstmitarbeiter, die als »Belohnung« für ihre außergewöhnlichen Leistungen zum Vertriebsleiter befördert wurden. Zu den Stärken, die sie zum Spitzenverkäufer gemacht haben, gehören der persönliche Ehrgeiz, das Streben nach Anerkennung und manchmal auch eine Nullsummenspiel-Mentalität – *ich gewinne genau dann, wenn die anderen verlieren*. Das ist gut, um auf dem Vertriebs-Scoreboard ganz weit oben zu landen. Doch es ist nicht hilfreich, wenn es darum geht, Mitarbeiter zu coachen, zu fördern und zu führen.

PROBIER ES AUS!

Verschaff dir Klarheit über deine Führungsparadigmen

Welche Paradigmen haben dich als Mitarbeiter erfolgreich gemacht? Zum Beispiel:

- *Meine eigene Arbeit und Karriere hat für mich oberste Priorität.*
- *Ich habe immer die richtige Antwort parat.*
- *Ich beziehe meinen Selbstwert aus der Anerkennung, die ich für meine Leistung bekomme.*

Überleg dir, was davon dir in deiner Führungsrolle hilft und was nicht.

Sprich mit erfolgreichen Führungskräften. Frag sie, von welchen Denkgewohnheiten sie sich verabschieden mussten, nachdem sie den Sprung vom Mitarbeiter zur Führungskraft gemacht hatten. Welche neuen Ansichten und Überzeugungen haben sie entwickelt, um ihrer Führungsrolle gerecht zu werden?

TODD

Dieser Bruch lässt sich in den meisten Branchen beobachten: vom Lehrer zum Schulleiter, vom Kellner zum Restaurantmanager, vom Arzt zum Oberarzt. Oder wie es im Titel eines Buches von Marshall Goldsmith heißt: *What Got You Here Won't Get You There*. Anders gesagt: Um eine gute Führungskraft zu werden, musst du dich von einigen

Fähigkeiten und Denkweisen verabschieden, die großen Anteil daran hatten, dass du als Mitarbeiter erfolgreich warst.

Im Idealfall würde sich dein Vorgesetzter nach deiner Beförderung zur Führungskraft mit dir zusammensetzen und mit dir über deine Stärken sprechen. Er würde dir sagen, welche Stärken ausschlaggebend für deine Beförderung waren. Und er würde dir auch erklären, was du von jetzt an anders machen solltest. Doch in den meisten Fällen bleibt genau dieses Feedback aus. Deshalb gibt es dieses Buch. Zu Beginn jeder Methode erfährst du, welche Veränderungen deiner Denkgewohnheiten nötig sind, damit du hier als Führungskraft erfolgreich sein kannst. Lass uns dazu gleich mal einen kleinen Test machen. Lies die folgende Tabelle durch. Zieh einen Kreis um die Denkgewohnheiten, die zum jetzigen Zeitpunkt auf dich zutreffen. Du bist dir nicht sicher? Dann frag die Leute in deinem Team. Sie können dir bestimmt einiges dazu sagen.

Methode	Übliche Denkweise	Effektive Denkweise
1. Entwickle die Einstellung einer Führungskraft	Ich bin für meine Ergebnisse verantwortlich.	Ich bin dafür verantwortlich, dass meine Leute gute Ergebnisse liefern.
2. Führe regelmäßig 1-zu-1-Gespräche	Ich führe 1-zu-1-Gespräche, um mir ein Bild von der Leistung und vom Arbeitsfortschritt meiner Leute zu machen.	Ich führe regelmäßig 1-zu-1-Gespräche, um meine Leute immer wieder aufs Neue zu motivieren.
3. Richte dein Team auf Ergebnisse aus	Ich sage meinen Leuten, was sie tun sollen und wie sie es genau machen sollen.	Ich helfe meinen Leuten, das »Warum« hinter dem »Was« zu erkennen, und unterstütze sie beim »Wie«.
4. Schaffe eine Feedback-Kultur	Mein Feedback zielt darauf ab, die Probleme meiner Leute zu lösen.	Ich gebe *und* bekomme Feedback – zum Nutzen des gesamten Teams.

5. Steuere dein Team durch die Veränderung	Ich versuche, Veränderungen für meine Leute erträglich zu halten.	Ich werbe in meinem Team für Veränderungen.
6. Setze deine Zeit und Energie richtig ein	Ich bin zu beschäftigt, um mir Zeit für mich zu nehmen.	Ich setze meine Zeit und Energie klug ein, um meiner Rolle als Führungskraft gerecht zu werden.

1. Methode: Paradigmenwechsel

Carolyn war eine herausragende Verkäuferin. Als der Vertriebsleiter in Rente ging, war sonnenklar, wer seine Nachfolge antreten würde: Carolyn! Sie hatte die Planzahlen Quartal für Quartal zuverlässig erfüllt und oft sogar noch übertroffen. Jetzt gingen alle davon aus, dass sie nahtlos dazu übergehen würde, ihren Mitarbeitern zu helfen, ebenso erfolgreich zu werden.

Aber es kam anders. Sobald ein Mitarbeiter in einem Verkaufsgespräch nicht weiter kam, sprang Carolyn ein. Mit ihrem phänomenalen Verkaufstalent sorgte sie dafür, dass es zum Abschluss kam. Sie glaubte, die Situation damit gerettet zu haben. Aber eben nur diese eine Situation. Ihre Mitarbeiter konnten ihre Verkaufsfähigkeiten nicht weiterentwickeln. Carolyn ließ nicht zu, dass sie Fehler machten und selbst nach Lösungen suchten. Das ist eine typische Stolperfalle, in die frisch gebackene Führungskräfte häufig tappen: Sie übernehmen das Ruder, sobald Probleme auftauchen. Dabei übersehen sie, dass es viel besser wäre, den Mitarbeitern zu helfen, selbst einen Ausweg zu finden und aus der Sache zu lernen. Durch das vorschnelle Eingreifen der Führungskräfte verlieren die Mitarbeiter sehr bald das Vertrauen in sich selbst. Carolyn war voll und ganz darauf fokussiert, das Geschäft zum Abschluss zu bringen. Doch dabei übersah sie das Wichtigste: Ihre neue Rolle bestand nicht darin, selbst Planzahlen zu erfüllen. Als Führungskraft hatte sie eine ganz andere Aufgabe. Jetzt war es ihr Job, andere dabei zu unterstützen, die Planzahlen zu erfüllen.

Übliche Denkweise	Effektive Denkweise
Ich bin für meine Ergebnisse verantwortlich.	Ich bin dafür verantwortlich, dass meine Leute gute Ergebnisse liefern.

PROBIER ES AUS!

Vergiss deinen alten Job

Bist du stolz auf deine bisherigen Fähigkeiten und Erfolge? Das kannst du auch sein! Sie haben dich zur Führungskraft gemacht. Doch nun ist es an der Zeit, sich von ihnen zu verabschieden. Pack deine Trophäen, Preise und Urkunden in eine Schachtel und stell alles ganz weit weg. Vergiss deinen alten Job. Jetzt beginnt etwas völlig Neues!

VICTORIA

Sobald du Führungsverantwortung übernimmst, solltest du den Begriff »Ergebnisse« neu definieren. Du musst umdenken. Solange du Mitarbeiter warst, entsprachen deine Ergebnisse dem, was du selbst getan und geleistet hast. Jetzt aber bist du in einer Führungsrolle. Ab sofort sind deine Ergebnisse das, was die Leute in deinem Team erreichen. Deine wichtigste Aufgabe ist es nicht, im Alleingang Ergebnisse zu erzielen. Es geht darum, dass du das gemeinsam mit deinen Mitarbeitern machst. Natürlich bist du auch weiterhin für deine eigene Leistung verantwortlich. Aber das ist jetzt sekundär. An erster Stelle steht, dass du deinen Mitarbeitern hilfst, ihre Planziele zu erfüllen, sich weiterzuentwickeln und selbst Führungsqualitäten zu entwickeln.

Denkst du gerade: »Ich kann mir meine Leute ja nicht aussuchen!« Das stimmt nicht ganz. Ein wichtiger Teil deines Jobs als Führungskraft ist es, das Talent und das Potenzial in allen deinen Mitarbeitern zu sehen und zu fördern. Dabei spielt es keine Rolle, ob du dir die Leute selbst ausgesucht hast oder ob sie dir zugeteilt wurden. Schreibe keinen Mitarbeiter vorschnell ab. Sieh immer genau hin. Überleg dir gut, weshalb jemand nicht die gewünschte Leistung bringt. Du wirst sehen: Oft liegt es auch an dir. Du musst ihn so unterstützen, dass er die Performance bringen kann, die du von ihm erwartest.

Was würde passieren, wenn Carolyn in den Verkaufsgesprächen nicht sofort einschreiten würde? Zugegeben, ihre Mitarbeiter würden Fehler machen. Manche Geschäfte würden vielleicht nicht zustande kommen. Aber die Mitarbeiter könnten aus ihren Fehlern und aus Carolyns anschließendem Feedback und Coaching lernen. Dann könnten sie aus eigenen Stücken bessere Ergebnisse erzielen. Und noch eins ist wichtig: Carolyn würde ihre Leute nicht länger wie blutige Anfänger behandeln, die man auf Schritt und Tritt kontrollieren muss. Das Ergebnis wären Mitarbeiter mit viel besseren Verkaufsfähigkeiten und wesentlich größerem Selbstvertrauen. Diese Mitarbeiter könnten ihre Vertriebsziele erfüllen, ohne dass Carolyn ständig rettend eingreifen müsste.

Uns ist natürlich bewusst, dass es in manchen Branchen und Situationen nur wenig Spielraum für Fehler gibt. In diesen Fällen sollten Führungskräfte ihre Mitarbeiter eng begleiten, ohne ihnen die Arbeit abzunehmen und ihre Eigenständigkeit bereits im Keim zu ersticken.

— — — — — — —

In meinem Buch Werde besser! 15 bewährte Strategien zum Aufbau effektiver Beziehungen im Job *bringe ich das Beispiel eines erfolgreichen Top-Managers. Er war fest davon überzeugt, dass Führungskräfte maßgeblich dafür verantwortlich sind, welche Ergebnisse ihre Mitarbeiter erzielen. Das ist eine enorm effektive Denkgewohnheit. Dieses Paradigma lebte er allen im Unternehmen vor.*

Es handelte sich um den Generaldirektor einer großen Hotelanlage mit fast 4000 Mitarbeitern. Offen gestand er: »Angesichts der riesigen Belegschaft habe ich oft das Gefühl, eine Stadt und kein Hotel zu leiten.« Er hatte das Team von FranklinCovey gebeten, sein Unternehmen bei der Führungskräfteentwicklung zu unterstützen. Zum Kick-off-Meeting hatte er die Leiter von allen wichtigen Abteilungen eingeladen – von der Raumpflege über das Catering bis hin zu Technik, Vertrieb und Marketing. Bevor seine Leute eintrafen, schilderte er uns seine persönliche Vision für jeden seiner Mitarbeiter:

»Ich bin nun seit über 20 Jahren in dieser Organisation und noch viel,

viel länger in der Branche«, sagte er stolz und zugleich bescheiden. »Im Lauf der Zeit habe ich einen langen, erfolgreichen Karriereweg zurückgelegt. Ich hatte das Glück, dass mir der President's Club Award unseres Unternehmens mit allen damit verbundenen Privilegien mehrmals zuerkannt wurde. Meinen Erfolg habe ich viele Jahre lang sehr genossen.«

Doch dann sagte er etwas, das ich nie vergessen werde: »Ich habe alles erreicht, was man sich nur wünschen kann. Aber jetzt möchte ich ein wirklich wichtiges Ziel erreichen. Nein, Ziel ist nicht das richtige Wort. Ich spreche von meinem Vermächtnis. Ich will dafür sorgen, dass jeder meiner Mitarbeiter – seine eigene Auszeichnung bekommt. Mein größter Wunsch ist es, dass jeder von ihnen den President's Club und noch viel mehr erreicht. Und ich träume davon, dass sie meine Vision über viele Generationen hinweg an ihre Mitarbeiter weitergeben.«

Das war nicht nur so dahergesagt. Als die Abteilungsleiter eintrafen, wurde klar: Alle wussten, wie sehr es ihrem Chef am Herzen lag, dass sie erfolgreich waren. Es war eines der produktivsten und inspirierendsten Meetings, an denen ich je teilgenommen habe. Und: Es veränderte mein eigenes Verständnis von Führung.

TODD

Glaubst du auch, dass du in erster Linie für deine Ergebnisse verantwortlich bist? Dann solltest du umdenken. Bitte mach dir klar: Bei deiner Tätigkeit als Führungskraft geht es nicht länger um dich, sondern um deine Mitarbeiter. Verabschiede dich von deinen Erfolgen der Vergangenheit. Du hast dir deine Führungsposition mit deiner individuellen Leistung redlich verdient und darfst dich darüber von Herzen freuen. Nun aber lass los und wende dich ganz deiner neuen Aufgabe zu.

1. Methode: Tools für die Praxis

Werde die Führungskraft, die dein Team wirklich verdient

Bitte behalte die folgenden Fragen auch bei der Lektüre der übrigen Methoden im Blick. Das ist sehr wichtig. Denn: Zum Abschluss des Buchs wirst du auf Grundlage der gewonnenen Erkenntnisse einen Plan entwerfen, wie du die Führungskraft werden kannst, die deine Mitarbeiter wirklich verdienen.

- Welche Art von Führungskraft braucht dein Team in diesem Moment? Welche Art von Führungskraft solltest du sein, wenn es nach den Wünschen deines Unternehmens geht?

- Was musst du lernen oder »verlernen«, um die Führungskraft zu werden, als die du gebraucht wirst?

- Schau in die Zukunft. Stell dir dich in zehn Jahren vor. Was sollen deine Mitarbeiter rückblickend über diese Zeit in ihrem Leben sagen? Welche Ergebnisse werden du und deine Mitarbeiter bis dahin erzielt haben? Wie möchtest du, dass deine Mitarbeiter deinen Führungsstil beschreiben?

- Was musst du in den nächsten Monaten tun, damit deine Zukunftsvision wahr wird?

Lerne deine Mitarbeiter besser kennen

»Ich mag diesen Mann nicht; ich muss ihn näher kennen lernen.« Diese Äußerung wird Abraham Lincoln zugeschrieben. Für dich als Führungskraft heißt das: Wenn du die besonderen Fähigkeiten deines Teams erkennen und stärken willst, solltest du dir als Erstes ein besseres Bild von deinen Mitarbeitern machen.

Die folgende Übung hilft dir, dein Team näher kennen zu lernen. Du solltest sie mindestens einmal im Jahr gemeinsam mit deinen Leuten machen. Zudem ist die Übung immer dann empfehlenswert, wenn ein neuer Mitarbeiter ins Team kommt. Das Ziel der Übung ist nicht, Vorurteile zu bestätigen. Es geht vielmehr darum, Paradigmen in Frage zu stellen. Bevor ihr mit der Übung startet, solltest du das deinen Mitarbeitern mit auf den Weg geben.

Übungsvariante 1: Paare. Alle Teammitglieder – die Führungskraft inbegriffen – finden sich in Paaren zusammen. Jeder stellt seinem Partner eine Frage aus der Liste. Nachdem jeder mindestens eine Frage beantwortet hat, werden neue Paare gebildet. Dann beginnt die nächste Fragerunde. Bildet so lange neue Paare, bis jeder mindestens einmal mit jedem anderen gesprochen hat. (Bei ungerader Personenzahl könnt ihr ein Paar durch ein Trio ersetzen.)

Übungsvariante 2: Große Runde. Bildet einen großen Kreis. Wenn ihr sehr viele seid, können es auch zwei oder drei Kreise sein. Beantwortet dann reihum die Fragen aus der Liste. Legt im Voraus fest, ob alle oder nur bestimmte Fragen beantwortet werden sollen. Zudem könnt ihr euch ein Zeitlimit für die Fragen setzen.

1. Wo bist du aufgewachsen? Was ist mit deiner Familie? Welche Überzeugungen hast du? Welche Hintergrundinformationen zu deiner Person sind deinen Kollegen möglicherweise noch nicht bekannt?
2. Was ist dir außerhalb der Arbeit noch wichtig? Machst du Sport? Welche anderen Hobbys hast du? Bist du ehrenamtlich aktiv oder probierst du gern neue Restaurants aus? Was tust du, um abzuschalten und neue Energie zu tanken?

3. Erzähl was über einen früheren Job, der dich stark geprägt hat. Was hat dir daran gefallen und was nicht?
4. Sag etwas über eins deiner Ziele – beispielsweise über ein kurzfristiges Ziel im Zusammenhang mit deiner aktuellen Position, ein langfristiges Karriereziel oder ein privates Ziel.
5. Was erfüllt dich in deinem Job am meisten? Was motiviert dich?
6. Welche Art der Kommunikation bevorzugst du? Tauschst du dich lieber in E-Mails oder im persönlichen Gespräch aus? Bist du eher für kurze Stand-up Meetings oder für ausführliche Diskussionsrunden zu haben?
7. Wie gehst du mit Feedback um? Was sollten andere dazu unbedingt wissen? Vereinbarst du lieber Termine für Feedback-Gespräche oder ist dir eine spontane Rückmeldung lieber? Hörst du dir Feedback erst in Ruhe an und meldest dich dann später dazu oder willst du die einzelnen Punkte sofort im Dialog vertiefen?
8. Welche Form der Anerkennung – schriftlich oder persönlich, vor Publikum oder unter vier Augen – findest du besser? Was sagt das über dich aus?
9. Hältst du dich selbst eher für introvertiert oder für extrovertiert? Welche Situationen bringen deine introvertierte oder deine extrovertierte Seite zum Vorschein?
10. Welche Persönlichkeitstypen nerven oder langweilen dich? Was kannst du tun, um besser und effektiver mit ihnen zusammenzuarbeiten?

Ergänze diese Fragen gern um eigene, die sich auf die Unternehmens- oder Teamkultur, die aktuellen Herausforderungen in deiner Abteilung und die Spezialkenntnisse deiner Mitarbeiter beziehen. Hast du Überraschendes über deine Mitarbeiter oder über dich selbst erfahren? Welche deiner Paradigmen wurden in Frage gestellt? Von welchen Paradigmen wirst du dich verabschieden? Wie könnte sich das auf deinen Führungsstil auswirken?

Erkenntnisse und nächste Schritte

Denk bitte noch mal intensiv über alles nach, was du über Methode 1 gelesen hast. Was findest du besonders interessant für deine Arbeit als Führungskraft? Nimm einen Stift und schreib dir die wichtigsten Punkte auf:

_____

_____

_____

_____

_____

Notier zwei oder drei Dinge, die du ganz konkret tun wirst, um Methode 1 erfolgreich in der Praxis anzuwenden:

_____

_____

_____

_____

_____

_____

2. Methode
Führe regelmäßig 1-zu-1-Gespräche

Vor einigen Jahren hatten wir eine richtig tolle Projektmanagerin namens Joanna. Sie führte aus dem Home Office heraus ein Team von Projektleitern. Joanna kümmerte sich um die Weiterentwicklung ihrer Mitarbeiter, erfüllte die Quartalsziele scheinbar mühelos und legte extrem gute Umsatzzahlen vor. Kurzum: Joanna war eine Top-Kraft, auf die immer Verlass war.

Doch dann reichte sie völlig überraschend ihre Kündigung ein. Als Chief People Officer ließ ich alles stehen und liegen, um mich mit ihr zu treffen und sie zum Bleiben zu überreden. Hatte man ihr anderswo eine Stelle zu wesentlich besseren Bedingungen angeboten? Wir würden mitziehen!

Im Gespräch machte mir Joanna jedoch klar, dass es ihr überhaupt nicht ums Geld ging. Die Arbeit von zu Hause aus gab ihr das Gefühl, nicht eng genug mit dem Team verbunden zu sein. Zudem machte ihr die Art, wie ihr Vorgesetzter während der gemeinsamen 1-zu-1-Gespräche mit ihr umging, sehr zu schaffen.

»Er ist freundlich und nett«, sagte sie zu mir. »Aber unsere Gespräche beschränken sich auf einen Schnelldurchgang durch meine Projekte. Er vergewissert sich, dass ich mit allen Projekten im zeitlichen und im finanziellen Rahmen liege. Und das war's dann auch schon. Er fragt mich nie nach den Herausforderungen der Telearbeit oder was ich gerne als Nächstes machen würde. Ich weiß, dass es nicht sein Job ist, eine Freundschaft zu mir aufzubauen. Aber ich möchte irgendwo arbeiten, wo ich mich geschätzt fühle. Ich möchte als Mensch behandelt werden – und nicht als Maschine.«

Ich sprach mit ihrem Vorgesetzten, stieß dort aber auf wenig Verständnis. Er versicherte mir, dass er liebend gern länger mit seinen Mitarbeitern plaudern würde. Doch das würde sein Arbeitspensum leider nicht erlauben.

Was konnte ich also tun? Als letzten Ausweg überredete ich Joanna, sich einem anderen Team anzuschließen. Hier gab es einen Teamleiter, der ganz neu in der Führungsrolle war. Deshalb war er extrem auf die Grundlagen guter Teamführung fokussiert. Er traf sich mit seinen Mitarbeitern regelmäßig zu 1-zu-1-Gesprächen. Er stellte ihnen Fragen. Er hörte zu. Er sah in jedem seiner Mitarbeiter den ganzen Menschen, der auch ein Leben neben der Arbeit hat. Und er bemühte sich, die Telearbeiter näher ans Team zu holen. Immer wieder motivierte er die Leute, den Kontakt zueinander zu suchen und die Zusammenarbeit zu intensivieren.

Joanna blühte unter dieser neuen Führung regelrecht auf. Sie stemmte größere Projekte als jemals zuvor. Zudem half sie ihren Kollegen, ähnlich gute Leistungen zu bringen. Ich bin froh, dass ich sagen kann: Joanna ist bis zum heutigen Tag ein wirklicher Superstar in unserem Unternehmen.

Wir alle arbeiten nicht nur für unser Gehalt. Die meisten von uns sehnen sich nach Kameradschaft, Zusammenhalt und Unterstützung. Das wird zunehmend wichtiger – insbesondere in Anbetracht der Tatsache, dass immer mehr von uns nicht mehr im selben Gebäude, sondern an den unterschiedlichsten Orten arbeiten.

Was mir an der Geschichte von Joanna besonders gefällt? Die neue Führungskraft hat die Situation hervorragend gemeistert. Das zeigt: Nicht immer kommt es darauf an, wie lange du schon in einer Führungsrolle bist. Im Gegenteil: Manche Führungskräfte stumpfen im Lauf der Jahre ab. Sie vergessen, wie wichtig die emotionalen Aspekte bei der Mitarbeiterführung sind.

Denk jetzt bitte an deinen eigenen Führungsstil. Wo stehst du jetzt und wo willst du hin? Ähnelst du eher Joannas erstem oder ihrem zweitem Vorgesetzten? Hast du Mitarbeiter in deinem Team, die wie Joanna sind? Was weißt du über sie? Und: Wie kannst du sicherstellen, dass der Kontakt zu deinen Mitarbeitern für dich immer Priorität hat – unabhängig davon, wie beschäftigt du gerade bist?

TODD

1-zu-1-Gespräche gehören zu den stärksten Hebeln, um das Engagement der Mitarbeiter zu fördern. Doch bevor wir dieses Thema vertiefen, wollen wir zuerst mal klären, was wir überhaupt unter »Engagement« verstehen. Bei FranklinCovey haben wir herausgefunden, dass sich die meisten Mitarbeiter einer der folgenden sechs Kategorien zuordnen lassen. Dabei besteht ein deutlicher Unterschied zwischen den unteren und den oberen drei Kategorien:

Mitarbeiterengagement: Das 6-Stufen-Modell

Entscheidend ist die gepunktete Linie in der Mitte. Die Mitarbeiter oberhalb dieser Linie machen ihren Job, weil sie es *wollen*. Ganz anders ist es bei den Mitarbeitern unterhalb der Linie. Sie machen ihren Job, weil sie es *müssen*. Wer bestenfalls Dienst nach Vorschrift leistet, dem muss man ständig sagen, was er tun soll. Andernfalls wird er sich nicht bewegen.

Natürlich hätten Führungskräfte am liebsten nur Mitarbeiter auf der obersten Ebene. Viele denken aber auch: »Manchmal ist Dienst nach Vorschrift ja okay!« Doch das stimmt nicht. Je höher das Engagement der Mitarbeiter, desto größer ist der Erfolg des Unternehmens. Gallup hat wiederholt nachgewiesen, dass sich das Mitarbeiterengagement direkt auf Profitabilität, Produktivität, Qualität und Umsatz auswirkt.[5]

In Wahrheit entscheiden die Mitarbeiter selbst, mit wie viel Engagement sie ihre Arbeit erledigen. Führungskräfte schaffen lediglich die Voraussetzungen dafür.

Wie wir bei Joanna gesehen haben, reicht Geld allein nicht aus, um Mitarbeiter zu motivieren, die Stufen des Engagements hochzuklettern. Das gilt auch für Bonuszahlungen, Büros, Titel, Lob oder Druck und Drohungen. Alle diese Dinge kann man relativ leicht im Führungsalltag umsetzen. Aber ihre Wirkung verpufft meist schnell. Was passiert, wenn wir einem Mitarbeiter einen Bonus versprechen, falls er einen großen Auftrag an Land zieht? Dann strengt er sich vielleicht vorübergehend an. Aber wenn wir ihn das nächste Mal motivieren wollen, müssen wir wieder einen Bonus ins Spiel bringen. Das ist weder finanziell nachhaltig noch regt es die Mitarbeiter langfristig zu mehr Engagement an.

PROBIER ES AUS!

Auf welcher Engagementstufe stehen deine Mitarbeiter?

Ordne jedem deiner Mitarbeiter eine Engagementstufe zu. Überleg bitte auch: Wo siehst du dich selbst? Was ist der Durchschnitt deines Teams? Was wäre anders, wenn der Durchschnitt eine Stufe höher wäre? Würdet ihr bessere Ergebnisse erzielen? Vielleicht weißt du bei einzelnen Mitarbeitern nicht genau, wo sie stehen und was nötig wäre, um ihr Engagement eine Stufe anzuheben. In diesem Fall sind 1-zu-1-Gespräche besonders wichtig.

Stell deinem Team das Konzept der Engagementstufen vor. Sprich nur über das Gesamtengagement des Teams, nicht darüber, wie du die einzelnen Mitarbeiter einschätzt. Meinen Mitarbeitern und mir gefällt dieses Modell sehr gut. Wir verwenden es häufig, um gemeinsam zu schauen, wo wir stehen und was wir tun können, um die Engagementleiter noch weiter nach oben zu klettern.

VICTORIA

Unserer Erfahrung nach kündigen Mitarbeiter nur selten ihren Job, weil ihnen die Bezahlung nicht genügt. Viel häufiger liegt es am Vorgesetzten oder an der Unternehmenskultur. Deshalb ist es sehr wichtig, dass du ein positives Arbeitsklima schaffst. Tust du alles dafür, dass deinen Mitarbeitern die Arbeit leicht von der Hand geht? Oder gibt es Hindernisse, die ihnen den Job unnötig erschweren? Schaust du deinen Leuten ständig auf die Finger? Oder lässt du sie mit ihren Problemen allein? Feiert ihr eure Erfolge? Oder lässt du Gelegenheiten, anderen deine Anerkennung zu zeigen, ungenutzt verstreichen? Gibst du deinen Mitarbeitern ehrliches und zugleich rücksichtsvolles Feedback? Spüren sie, dass sie dir die Wahrheit sagen können? Welche Kultur herrscht in eurem Team?

Häufig verstehen wir Unternehmens- oder Teamkultur als ein eher vages Konzept. Doch Führungskräfte prägen die Unternehmenskultur mit jeder Interaktion – mit jeder E-Mail, mit jeder Textnachricht und mit jedem Gespräch. Natürlich können Manager die Kultur auch zerstören, indem sie über Abwesende lästern, sich im Ton vergreifen, Lob nicht an die richtige Adresse weiterleiten oder grußlos an jemandem vorbeigehen. Als Führungskraft stehst du ständig unter Beobachtung. Wann immer du mit deinen Mitarbeitern kommunizierst, wirkt sich das auf die Teamkultur aus. 1-zu-1-Gespräche gehören zu den besten Instrumenten, um die Kultur zu fördern, die deine Mitarbeiter wirklich verdienen. Mit 1-zu-1-Gesprächen kannst du ein Vertrauensverhältnis zu deinen Leuten aufbauen und die Voraussetzungen für ein hohes Maß an Motivation und Leistungsbereitschaft schaffen.

Übliche Denkweise	Effektive Denkweise
Ich führe 1-zu-1-Gespräche, um mir ein Bild von der Leistung und vom Arbeitsfortschritt meiner Leute zu machen.	Ich führe regelmäßig 1-zu-1-Gespräche, um meine Leute immer wieder aufs Neue zu motivieren.

Leider beschränken sich viele 1-zu-1-Gespräche auf reine Statusaktualisierungen. Wir führen sie routinemäßig, um uns ein Bild von der Leistung und vom Arbeitsfortschritt unserer Mitarbeiter zu machen: »Was hast du in der letzten Woche alles geschafft? Woran arbeitest du gerade? Wunderbar. Der Nächste bitte!«

Solange unsere Haupttätigkeit darin besteht zu kontrollieren, ob unsere Mitarbeiter ihr Plansoll erfüllen, werden wir zum Aufpasser. Im besten Fall erzielen wir so minimale Verbesserungen. Doch meistens erreichen wir genau das Gegenteil: Wir rauben unseren Mitarbeitern jede Motivation, Energie und Kreativität und bringen sie dazu, nur noch das Nötigste zu tun.

Der erste Vorgesetzte von Joanna beschränkte sich darauf, den Projektfortschritt zu überwachen. Dabei übersah er, dass Joanna sich vor allem eins wünschte: mehr Kontakt zum Team. Er dachte, er hätte keine Zeit für ausführliche 1-zu-1-Gespräche. Dadurch sparte er 30 Minuten in der Woche. Doch der Preis für diese 30 Minuten war sehr hoch. Denn er verlor eine seiner besten Mitarbeiterinnen.

Ganz anders sieht es da bei effektiven Führungskräften aus. Diese Führungskräfte sprechen regelmäßig unter vier Augen mit jedem aus dem Team. Sie nutzen 1-zu-1-Gespräche auch, um ihre Mitarbeiter persönlich zu coachen. Mit offenen Fragen und einfühlsamem Zuhören fördern sie Probleme zutage und finden gemeinsam mit ihren Mitarbeitern tragfähige Lösungen. So legen sie die Basis für ein außergewöhnlich hohes Mitarbeiterengagement.

1-zu-1-Gespräche bringen vieles ans Licht. Möglicherweise hörst du Dinge wie:

- »Ein Kollege blockiert meine Arbeit.«
- »Mein Privatleben leidet, weil ich so viel Stress im Job habe.«
- »Meine Rolle hier im Team füllt mich nicht mehr aus.«
- »Ich habe eine tolle Idee. Aber ich habe keine Zeit, um das Ganze weiter auszuarbeiten.«
- »Auftritte vor Publikum machen mich immer total nervös. Hier brauche ich dringend Unterstützung.«
- »Ich weiß nicht, was genau du von mir erwartest.«

Mit 1-zu-1-Gesprächen kannst du deine Mitarbeiter coachen und ihnen helfen, sich weiterzuentwickeln. Du kannst neue Ideen testen, Erfolge feiern und Probleme bereits im Ansatz verhindern. Wenn du es richtig machst, werden in 1-zu-1-Gesprächen auch viele Schwierigkeiten auf den Tisch kommen. Das bringt natürlich ein gewisses Risiko mit sich. Deshalb brauchen Führungskräfte in 1-zu-1-Situationen ganz andere Fähigkeiten als bei herkömmlichen Gesprächen.

1. Fähigkeit: Bereite dich auf deine 1-zu-1-Gespräche vor

Zunächst möchten wir dir einige Praxistipps für deine 1-zu-1-Gespräche geben. Führe die Gespräche in regelmäßigen Abständen – idealerweise wöchentlich. Versuch, dich mit jedem Mitarbeiter immer am gleichen Wochentag und zur gleichen Uhrzeit zu verabreden. Trag dir die Termine fest im Kalender ein. Setz für jedes Gespräch mindestens 30 Minuten an. Das ist wichtig. In weniger als einer halben Stunde ist es kaum möglich, ein tiefergehendes Gespräch zu führen. Nimm die Termine mit deinen Mitarbeitern ernst und verschieb sie nur im äußersten Notfall.

AUF DEN PUNKT GEBRACHT 💬

Kündige 1-zu-1-Gespräche an und stimme die Erwartungen mit deinen Mitarbeitern ab

Du könntest dich beispielsweise mit folgenden Worten an dein Team wenden:

»Gerne möchte ich in Zukunft mit jedem von euch 1-zu-1-Gespräche führen. Wichtig ist mir, dass sie für jeden von euch ein Gewinn sind und einen festen Ablauf haben: Die 1-zu-1-Gespräche finden einmal pro Woche oder alle 14 Tage statt. Sie dauern 30 Minuten und sind kein Ersatz für unsere Teambesprechungen. Die Gespräche sollen euch die Möglichkeit geben, mir ganz offen zu sagen, wo es Schwierigkeiten gibt und wo ihr euch mehr Unterstützung wünscht. Erzählt mir, wie ihr euch im Hinblick auf eure Rolle im Team, eure Projekte und eure Weiterentwicklung fühlt. Natürlich könnt ihr auch Vorschläge machen, wie ich euch am besten helfen kann. In 30 Minuten können wir zwar keine Wunder bewirken, aber ich werde mein Bestes geben!

Ich bitte um eure Unterstützung bei der Planung und Durchführung der Gespräche. Es wird vorkommen, dass ein Termin von eurer oder von meiner Seite aus nicht realisierbar ist. Dann sollten wir mit gegenseitigem Verständnis reagieren. Ich werde alles daransetzen, alle Termine einzuhalten. Dennoch wird das nicht immer machbar sein.

Wir schlagen hier eine völlig neue Richtung ein. Bitte macht euch klar: Es sind eure Gespräche – nicht meine! Deshalb werde ich den größten Teil der Zeit damit verbringen, euch zuzuhören, euch zu coachen und euch bei der Lösung von Problemen zu helfen. Konzentriert euch auf das, was entscheidend dafür ist, dass ihr euch weiterentwickeln, eure Fähigkeiten ausbauen und eure Leistung steigern könnt. Die 1-zu-1-Gespräche sollen euch zeigen, dass jeder von euch ein wichtiges und wertvolles Mitglied in diesem Team ist.«

TODD

Sag Termine nur ab, wenn es sich absolut nicht vermeiden lässt. Die Absage eines 1-zu-1-Gesprächs ist eine massive Abhebung vom Beziehungskonto. Sie signalisiert deinem Mitarbeiter: Du bist mir nicht wirklich wichtig! Hast du einen Termin abgesagt, brechen oft alle Dämme. Dann wird es dir erschreckend leicht fallen, auch das zweite, dritte und vierte Gespräch zu cancelln. Dabei ist das zweite 1-zu-1-Gespräch oft sogar noch wichtiger als das erste. Kurzum: Wenn du erst einmal mit 1-zu-1-Gesprächen angefangen hast, musst du unbedingt weitermachen. Sonst verlierst du das Vertrauen deiner Mitarbeiter und deine Glaubwürdigkeit als Führungskraft.

Drew ist ein guter Bekannter von mir. Er erzählte mir, wie es war, als er bei einem neuen Unternehmen anfing. Am ersten Tag sagte ihm seine neue Vorgesetzte, was für eine wichtige Rolle er übernommen habe und wie froh sie sei, ihn im Team zu haben. Sie versicherte ihm, dass ihr sein Erfolg sehr am Herzen läge. Deshalb wolle sie jede Woche ein Gespräch mit ihm führen, um zu sehen, wie sie ihn am besten unterstützen könnte.

Für das erste Treffen hatte Drew viele Ideen und Fragen vorbereitet. Doch kurz vor dem Termin sagte die Assistentin der Vorgesetzten das Gespräch ab. Sie meinte, dass etwas sehr Wichtiges dazwischengekommen wäre. Drew war enttäuscht. Dennoch hatte er Verständnis und freute sich schon auf den nächsten Gesprächstermin mit seiner Vorgesetzten.

In der folgenden Woche bekam Drew dann wieder eine Absage von der Assistentin. Das wiederholte sich auch in der Woche darauf. So vergingen

Monate, ohne dass Drew seine Vorgesetzte außerhalb der Teambesprechungen zu Gesicht bekam.

Von seinen Kollegen erfuhr Drew, dass das ganz normal war und er nicht zu hoffen brauchte, dass sich etwas daran ändern würde. Seine Begeisterung für den neuen Job war dahin. Die Motivation war im Keller. Drew überlegte, ob er kündigen sollte. Am Ende fand er sich damit ab, Dienst nach Vorschrift zu machen und seine Aufgabenliste lustlos abzuarbeiten.

Die abgesagten 1-zu-1-Gespräche vermittelten Drew eine klare Botschaft: Er war nicht wichtig. Auf ihn und sein Engagement kam es nicht an.

TODD

— — — — — — —

Viele Führungskräfte sagen Gespräche ab, weil ihr eigener Vorgesetzter etwas Eiliges von ihnen will. Wie du das verhindern kannst? Überleg dir schon vorher, wann die Wahrscheinlichkeit besonders groß ist, dass dein Vorgesetzter deine Zeit beanspruchen wird. Du könntest deinen Vorgesetzten auch in Form einer Frage auf dein Terminproblem aufmerksam machen: »Ich habe genau zu dieser Zeit mein reguläres 1-zu-1-Gespräch mit Tina. Soll ich das absagen?« Mit vorausschauender Planung kannst du verhindern, dass du 1-zu-1-Gespräche mit deinen Mitarbeitern canceln musst.

Bereite eine Gesprächsagenda vor. Schreib dir die Punkte auf, die du im 1-zu-1-Gespräch näher erörtern willst. Bitte deine Mitarbeiter, das auch zu tun. Und: Achtet darauf, dass ihr euch nicht im Kreis dreht und nicht immer wieder über dieselben Dinge sprecht.

Denk dran: Das Ziel eines 1-zu-1-Gesprächs ist, dem Mitarbeiter dabei zu helfen, sein Engagement und seine Leistungsfähigkeit zu steigern. Beteilige ihn an der Vorbereitung der Agenda oder biete ihm die Gesprächsleitung an. Natürlich kann auch das Format variieren: Mal füllt einer von euch einen Vorbereitungsbogen aus, mal ihr beide zusammen. Mal leitet der eine das Gespräch, mal der andere. Wichtig ist, dass ihr die Zeit im Blick habt. Macht euch klar, wo die Prioritäten liegen, und setzt diese Punkte ganz oben auf die Gesprächsagenda.

NÜTZLICHE TOOLS FÜR DIE PRAXIS ⬡

1-zu-1-Gesprächsplaner

Manche Führungskräfte denken, sie müssten alles auswendig wissen. Dadurch wollen sie ihren Mitarbeitern zeigen, dass sie ein perfektes Gedächtnis haben und nichts vergessen. Ich halte nicht viel davon. Deshalb rate ich Führungskräften, Hilfsmittel zu nutzen und das den Mitarbeitern auch offen zu zeigen. Damit signalisierst du, dass es dir wichtig ist, dich gut vorzubereiten und optimale Ergebnisse zu erzielen. Vor einem Gespräch notiere ich mir immer zwei Dinge. Erstens: Fragen, die ich stellen will. Zweitens: wesentliche Punkte, über die ich sprechen möchte. Ich versuche nie, das zu verstecken. Im Gegenteil: Ich sage meinen Mitarbeitern, dass ich mir wünsche, dass auch sie sich auf unsere Gespräche vorbereiten. Je besser sich beide Seiten vorbereiten, desto erfolgreicher wird das 1-zu-1-Gespräch.

Am Ende des Kapitels findest du Vorbereitungsbögen für dich und deine Mitarbeiter. Sie wurden von Führungskräften aus der ganzen Welt getestet. Du kannst die Bögen direkt nutzen. Bei Bedarf kannst du sie natürlich auch an die Anforderungen deines Teams anpassen.

VICTORIA

Achte auf deine eigene Leistungskurve. In seinem Buch *When – Der richtige Zeitpunkt* spricht Daniel H. Pink darüber, wie wichtig es ist, seine eigene Leistungskurve zu kennen. Wann hast du viel Energie? Wann wenig? Und wann ist es Zeit für eine Pause? Sieh dir deinen Tagesablauf an. Finde heraus, wann du körperlich und geistig in Höchstform bist. Achte auch darauf, wann deine Energie- und Leistungskurve ganz unten ist. Mir ist klar geworden, dass ich zwischen fünf Uhr morgens und zehn Uhr vormittags am besten kreativ denken und gemeinsam mit anderen Ideen entwickeln kann. Diese Ideen kann ich dann noch bis 11.30 Uhr tatkräftig umsetzen. Danach wird es höchste Zeit fürs Mittagessen. Meine Talsohle erreiche ich am Nachmittag.

Seit ich meine Leistungskurve kenne, setze ich meine 1-zu-1-Gespräche am Vormittag an. So kann ich meinen Mitarbeitern meine volle Aufmerksamkeit widmen und ihnen am besten bei der Lösung ihrer Probleme helfen. Deshalb: Leg deine 1-zu-1-Gespräche auf Zeiten, in denen du in Bestform bist. Achte außerdem darauf, dass zwischen den Gesprächen kurze Erholungspausen liegen. Natürlich solltest du auch die Bedürfnisse deines Gesprächspartners berücksichtigen. Sprecht euch ab, wann für euch beide der beste Zeitpunkt für ein 1-zu-1-Gespräch ist. Ideal ist es, wenn ihr bei der einmal gewählten Uhrzeit bleibt. Falls eure Leistungskurven stark voneinander abweichen, könnt ihr verschiedene Uhrzeiten im Wechsel ansetzen.

Für Telearbeit gelten andere Regeln. Arbeiten deine Mitarbeiter nicht am selben Ort wie du? Siehst du sie nur selten persönlich? Weißt du nicht genau, wie es ihnen geht und wie sie mit ihren Aufgaben klarkommen? Dann solltest du für eure 1-zu-1-Gespräche etwas mehr Zeit ansetzen. So kannst du dir in aller Ruhe anhören, welche Sorgen oder Fragen sie haben, wo sie sich Unterstützung von dir wünschen und welche Fortschritte sie mit ihren Projekten gemacht haben.

GUT ZU WISSEN! (?)

1-zu-1-Gespräche können langfristig Zeit sparen

Befürchtest du, dass dich wöchentliche 1-zu-1-Gespräche mit allen deinen Mitarbeitern zu viel Zeit und Energie kosten? Keine Sorge! Wenn du es richtig machst, kannst du sogar Zeit sparen. Wie das geht? Ganz einfach: Mit 1-zu-1-Gesprächen vermeidest du Unterbrechungen, Verzögerungen und Feuerwehreinsätze, zu denen es zwangsläufig kommt, wenn du nicht regelmäßig mit deinen Leuten sprichst.

VICTORIA

Einer meiner Kunden hatte eine Mitarbeiterin, die weit weg von der Zentrale am anderen Ende des Landes arbeitete. Sie traf die übrigen Teammitglieder nur drei- oder viermal im Jahr persönlich. Ich fragte sie, wie ihr die Arbeit im Home Office gefiel. Sie meinte: »Mir gefällt die Flexibilität, aber die Stille ist manchmal ohrenbetäubend.«

- **Sprich mit deinen Telearbeitern kürzer und häufiger.** Versuch, die Gesprächszeit auf mehrere Termine zu verteilen. So sind die Abstände zwischen den Gesprächen nicht so groß. Das gibt dir die Chance, Probleme schneller anzusprechen und aus der Welt zu schaffen.
- **Denk an die Zeitverschiebung.** Ist dein Team auf der ganzen Welt verteilt? Achte bei der Festlegung der Gesprächstermine auf die Zeitverschiebung und die Auswirkungen auf die Leistungskurven deiner Mitarbeiter.
- **Nutze die Vorteile der Video-Telefonie.** Führungskräfte sollten eine Vorstellung davon haben, wie sich das Leben und die Arbeit in der Ferne für ihre Mitarbeiter anfühlen. Allein am Küchentisch fällt es vielen schwer, sich als wichtiger Teil des Teams und des Unternehmens zu sehen. Hier kann Video-Telefonie Abhilfe schaffen. Führ deine 1-zu-1-Gespräche mit Telearbeitern möglichst immer in Ton und Bild. Wenn du die Körpersprache und den Gesichtsausdruck deines Gesprächspartners sehen kannst, erleichtert das die Kommunikation und verhindert Missverständnisse. Zudem kannst du per Video-Telefonie eine wesentlich engere Beziehung zu deinen Mitarbeitern im Home Office aufbauen.

Und jetzt ein ernstes Wort. 1-zu-1-Gespräche können sich enorm positiv auf das Mitarbeiterengagement auswirken. Das gilt allerdings nur, wenn sie *gut geplant* und *klar strukturiert* sind.

Überleg dir genau, wie du die Gespräche führen willst. Achte darauf, dass sie sich eindeutig von den jährlichen oder vierteljährlichen »Mitarbeitergesprächen« zur Leistungsbeurteilung unterscheiden. Vor ein paar Wochen beriet ich ein Kundenunternehmen. Dabei stellte ich dem Teamleiter Chris die Methode der 1-zu-1-Gespräche vor. Sofort sah er darin eine Chance, seine rund 30 Mitarbeiter näher an sich als Teamleiter zu binden, ihr Engagement zu erhöhen und die Umsätze zu steigern. Er konnte es gar nicht abwarten, seinen Mitarbeitern davon zu berichten. Ich aber warnte ihn: »Chris, sei vorsichtig mit dem, was

> **GUT ZU WISSEN!** (?)
> ------
>
> **Video-Gespräche als Leistungsturbo**
>
> *Kürzlich half ich einem Manager bei der Erstellung eines Leistungsplans für eine Mitarbeiterin. Ein Thema war das Engagement dieser Mitarbeiterin. Dem Vorgesetzten war aufgefallen, dass sie sich an den wöchentlichen Besprechungen nicht per Video beteiligte. Sie war die Einzige im Team, die sich auf die Audio-Funktion beschränkte. Auf den ersten Blick war das keine große Sache. Doch es wirkte sich negativ auf ihre Motivation aus. Deshalb fragte sich ihr Vorgesetzter, ob sie sich noch als Mitglied des Teams sah und sich für die gemeinsamen Leistungen verantwortlich fühlte.*
>
> *Im Zeitalter der virtuellen Zusammenarbeit ist die Video-Schaltung unersetzlich. Ein wesentlicher Teil der menschlichen Kommunikation spielt sich in Form von Körpersprache und Mimik ab. Deshalb: Leg gemeinsam mit deinem Team fest, dass sich alle Telearbeiter nicht nur per Telefon, sondern auch per Video an den Teambesprechungen beteiligen. Ich denke, es versteht sich von selbst, dass du es genauso machen solltest!*
>
> **TODD**

du sagst. Was passiert, wenn du lauthals verkündest, dass du ab sofort einmal pro Woche mit jedem Mitarbeiter sprechen wirst? Die Gefahr ist groß, dass du das kräfte- und zeitmäßig nicht lange durchhältst. Wenn du dann Gespräche absagst, ist das extrem kontraproduktiv. Damit zerstörst du das Vertrauen zwischen dir und deinen Mitarbeitern und nimmst ihnen so die Motivation.«

Deshalb: Mach nicht den Fehler, 1-zu-1-Gespräche mit jedem Mitarbeiter vorschnell anzukündigen. Klär erst ab, ob du dieses Versprechen auch einlösen kannst. Ein Blick auf deinen Kalender wird dich schnell auf den Boden der Tatsachen zurückholen. Nachdenklich erwiderte Chris: »Okay, was kann ich tatsächlich schaffen? Wie wäre es mit monatlich?« Natürlich wollte er den Mehrwert regelmäßiger 1-zu-1-Gespräche unbedingt nutzen. Doch ihm wurde bewusst, wie wichtig es war, nicht mehr zu versprechen, als er halten konnte.

Regelmäßige 1-zu-1-Gespräche verlangen Disziplin und Durchhaltevermögen von dir. Beides wird permanent von dringenden Anfragen und Aufgaben untergraben, die dein eigener Vorgesetzter an dich heranträgt. Manchmal ist das ein schwieriger Balanceakt. Doch er wird dir wesentlich leichter fallen, wenn du dich bewusst dafür entscheidest, aus dir die Führungskraft zu machen, die deine Mitarbeiter wirklich verdienen – und zwar unabhängig davon, wie sich dein eigener Vorgesetzter dir gegenüber verhält.

Unterschätz bitte nicht, wie schwierig und zugleich wirkungsvoll und lohnend 1-zu-1-Gespräche sein können. Um den optimalen Nutzen daraus zu ziehen, solltest du dich regelmäßig fragen: Was passiert während der Gespräche? In welchem Verhältnis steht deine Rolle zur Rolle deines Mitarbeiters? Wie viel Zeit solltest du mit Zuhören und wie viel mit Sprechen verbringen? Denk immer auch an den Schaden, den du anrichtest, wenn du Gespräche absagst. Das werden dir deine Mitarbeiter sehr verübeln!

Sei realistisch. Übertreib es nicht. Versprich nicht zu viel. Wir empfehlen einen wöchentlichen Rhythmus. Aber was du deinen Leuten tatsächlich anbieten kannst, richtet sich nach deinem täglichen Arbeitspensum, der Zahl deiner unmittelbaren Mitarbeiter und den Anforderungen deines eigenen Vorgesetzten. Bist du für viele Mitarbeiter verantwortlich? Dann solltest du nur alle zwei oder alle vier Wochen 1-zu-1-Gespräche ansetzen. So verhinderst du, dass dir deine vielen Aufgaben und Verpflichtungen über den Kopf wachsen.

2. Fähigkeit: Nutze 1-zu-1-Gespräche, um deine Mitarbeiter zu coachen

1-zu-1-Gespräche erfordern ein Umdenken von den Führungskräften. Es geht nicht mehr darum, die Mitarbeiter zu überwachen, sondern sie zu coachen. Du sagst deinen Leuten nicht länger, *was* sie zu tun haben, sondern du fragst sie, *wie* sie es tun wollen. Du gibst keine Antworten, sondern hilfst ihnen, ihre eigenen Antworten zu finden. Du hakst keine Listen ab, sondern stellst sinnvolle Fragen und hörst aufmerksam

> **GUT ZU WISSEN!** (?)
>
> ------
>
> **Geh auf deine Mitarbeiter zu**
>
> *Ich führe viele 1-zu-1-Gespräche. Die meisten erfordern großes Feingefühl. Vor jedem Gespräch erinnere ich mich daran, dass ich mich so gut wie nur möglich in den anderen einfühlen muss. Ich überlege mir die Themen, über die wir sprechen werden. Zudem versuche ich, innerlich auf meinen Gesprächspartner »zuzugehen«. Mein Ziel ist es, eine echte Beziehung zu ihm aufzubauen. Das heißt nicht, dass wir uns in allen Punkten einig sein müssen. Aber ich bemühe mich, die Dinge aus dem Blickwinkel des anderen zu betrachten. Beispielsweise frage ich mich: »Wie wird Greg wohl mit seiner Beförderung klarkommen? Ich weiß, dass er für seinen Geschmack zu viele Graphikdesigner im Team hat und dass er nicht alle Fristen einhalten kann. Fühlt er sich jetzt überfordert?«*
>
> *Ich gehe das Gespräch im Vorfeld in Gedanken durch. Dadurch steigere ich meine Empathie und finde Ideen, wie ich meinen Gesprächspartner am besten unterstützen kann. Wenn du so etwas noch nie gemacht hast, fühlt es sich anfangs vielleicht ein bisschen seltsam an. Aber mit etwas Übung wird es dir bald in Fleisch und Blut übergehen. Probier es einfach aus. Die Mühe lohnt sich. Denn so kannst du deinen Mitarbeitern wirklich helfen und einen positiven Einfluss auf sie ausüben.*
>
> *TODD*

zu, was deine Mitarbeiter sagen. Kurzum: Deine Aufgabe besteht nicht länger darin, deine Leute zu lenken und zu informieren, sondern sie zu inspirieren und in ihrem Engagement zu bestärken.

Coachen heißt, dass wir die Fähigkeiten unserer Mitarbeiter erkennen und ihnen zutrauen, dass sie sich weiterentwickeln. Es bedeutet, dass wir sie ermutigen, Probleme selbstständig zu lösen, ihre Kreativität freizusetzen und ihre Talente auszuleben. Indem wir unsere Mitarbeiter coachen, stärken wir ihr Selbstvertrauen, fördern ihre Eigenständigkeit und verringern ihre Abhängigkeit.

Willst du ein guter Coach für deinen Mitarbeiter sein? Dann musst du ihm deine ungeteilte Aufmerksamkeit widmen. Vermeide alle Ablenkungen – ganz gleich, ob du dich mit einem Mitarbeiter von Angesicht zu Angesicht oder per Video-Konferenz triffst. Räum alles weg, was dich ablenken könnte. Und: Schalte bitte unbedingt dein Smartphone aus. Indem du dich voll und ganz auf den anderen konzentrierst, zeigst du ihm deinen Respekt. Mein Tipp: Schalte dein Telefon zu Beginn des Gesprächs demonstrativ auf stumm und leg es zur Seite. Mach das buchstäblich vor den Augen deines Gesprächspartners. Denkst du jetzt, dass das etwas zu dick aufgetragen ist? Das sehe ich anders. So signalisierst du deinem Mitarbeiter, dass euer Gespräch während der nächsten 30 Minuten an allererster Stelle für dich steht.

Es gab eine Zeit, da war ich beruflich und privat unter großem Druck. Damals war ich stolz, dass ich dennoch zu meiner Verpflichtung stand, mich regelmäßig mit meinen Mitarbeitern zu 1-zu-1-Gesprächen zusammenzusetzen. Aber ganz ehrlich: Ich war zwar körperlich anwesend, gedanklich jedoch nicht. Im Grunde hakte ich nur einen Punkt auf meiner Aufgabenliste ab.

Wie üblich bat ich meine Mitarbeiter um ihr Feedback zu unseren 1-zu-1-Gesprächen. Zwei von ihnen waren sehr offen. Sie sagten, dass sie das Gefühl gehabt hätten, dass mich irgendwas bedrückt hätte und dass ich mit meinen Gedanken ganz woanders gewesen sei.

Ich war peinlich berührt, dass meine Unkonzentriertheit so offensichtlich war. Das musste sich ändern! Aber wie? Techniken, um meine gedankliche Abwesenheit besser zu kaschieren, waren sicher keine Lösung. Obwohl ich unter Stress stand, musste ich es schaffen, meinen Mitarbeitern die Aufmerksamkeit zu schenken, die sie verdienten.

Seitdem nehme ich mir vor jedem 1-zu-1-Gespräch zehn Minuten, um noch einmal die Notizen vom vorigen Termin durchzugehen. Zudem deaktiviere ich meine E-Mail-Benachrichtigungen und schalte mein Telefon auf stumm. Nach mehreren tiefen Atemzügen und einigen ruhigen Minuten der Reflexion und Konzentration fühle ich mich dann während des Gesprächs sehr viel präsenter. Und das fällt auch meinen Mitarbeitern positiv auf.

Mein Tipp für dich: Bitte deine Mitarbeiter regelmäßig um Feedback, ob die 1-zu-1-Gespräche hilfreich für sie sind. Besprecht, was ihr beide tun könnt, um sie noch besser und effektiver zu machen.

VICTORIA

Versuch, alle dringenden Dinge, die das Gespräch beeinträchtigen könnten, bereits im Vorfeld zu erledigen. Gib den Leuten in deinem Umfeld zu verstehen, dass du nicht gestört werden möchtest. Leicht passiert es, dass ein Mitarbeiter in einem 1-zu-1-Gespräch emotional wird. Du willst sicher nicht, dass in einem solchen Augenblick jemand zur Tür hereinplatzt. Wenn das Gespräch in einem Großraumbüro oder hinter Glaswänden stattfindet, solltest du vorab für die nötige Diskretion sorgen. Vielleicht hältst du für den Fall der Fälle auch ein paar Taschentücher parat. Sei umsichtig, aufmerksam und einfühlsam. Deine Mitarbeiter merken sich, wie du mit solchen Situationen umgehst.

Stell Coaching-Fragen

Coaching-Fragen sind offene Fragen, die sich nicht mit einem einfachen Ja oder Nein beantworten lassen. Sie regen zum Nachdenken an und ermuntern deine Mitarbeiter, eigenständig Lösungen für ihre Probleme zu entwickeln.

Am Ende dieses Kapitels findest du eine umfangreiche Liste mit Coaching-Fragen für herausfordernde Situationen – beispielsweise, um deinem Team zu helfen, Probleme eigenständig zu lösen, euer Gespräch aus einer Sackgasse herauszuführen oder schwierige Themen anzusprechen. Trag die wichtigsten Fragen vor dem Gespräch in deinen Vorbereitungsbogen ein oder mach sie zum Bestandteil der Agenda. Jede dieser Fragen kann euer gesamtes 1-zu-1-Gespräch in Anspruch nehmen. Das ist völlig okay. Schau einfach, wie es sich ergibt, und bring das Gespräch zum Laufen.

Geschlossene Fragen	Offene Coaching-Fragen
»Gefällt dir dein neuer Aufgabenbereich?«	»Was gefällt dir an deinen neuen Aufgaben? Was stellst du dir anders vor?«
»Läuft alles gut?«	»Was bereitet dir gerade die größten Schwierigkeiten?«
»Hast du schon mal daran gedacht …?«	»Was hast du in einer vergleichbaren Situation gemacht? Warum hat das deiner Meinung nach funktioniert oder weshalb hat es nicht geklappt?«

GUT ZU WISSEN!

Ehemalige Kollegen und erfahrene Mitarbeiter coachen

Möglicherweise musst du jetzt Leute coachen, die noch bis vor kurzem gleichgestellte Kollegen waren. Das kann zuerst schwierig und seltsam sein. Mit ihnen und mit sehr erfahrenen Mitarbeitern habe ich zu Beginn meiner Karriere als Führungskraft einen großen Fehler gemacht: Ich dachte, sie bräuchten mich nicht. Deshalb hatte ich Hemmungen, ihnen meine Unterstützung anzubieten oder ihnen Ratschläge zu geben.

In der folgenden Situation verhielt ich mich alles andere als richtig. Die neue Mitarbeiterin hatte mir viele Jahre Erfahrung voraus. Also nahm ich an, dass sie es leicht ohne meine Unterstützung und mein Coaching schaffen würde. Doch es kam anders. Weil meine Erwartungen so hoch waren, traute sie sich nicht, mich um Hilfe zu bitten. Als ich endlich begriff, dass sie Probleme hatte, war es leider schon zu spät.

»Ich erwarte außergewöhnliche Leistungen von dir!« Was passiert, wenn du das immer und immer wieder betonst? Dann glauben

die Leute, dass sie alles im Alleigang schaffen müssen. Ich hätte mich mit der älteren Mitarbeiterin zusammensetzen und abklären müssen, was sie sich allein zutraute und wo sie meine Unterstützung brauchte.

Aus dieser Sache habe ich viel gelernt. Wenn ich Mitarbeiter einstelle, die auf eine langjährige Erfahrung zurückblicken, mache ich Folgendes: Ich ziehe keine voreiligen Rückschlüsse aus ihrem Lebenslauf. Stattdessen nehme ich mir viel Zeit, um herauszufinden, wie es wirklich um ihr Wissen und ihr Selbstvertrauen bestellt ist. So kann ich besser abschätzen, wie viel Coaching sie brauchen. Ich gebe ihnen auch klar zu verstehen, dass ich meine Rolle darin sehe, ihnen zu helfen und sie zu coachen. Immer wieder biete ich mich als Sparringspartner an. Ich ermutige sie, bei Fragen und Problemen direkt auf mich zuzukommen.

Wenn du deine Mitarbeiter fragst, ob sie Unterstützung brauchen, werden das viele verneinen. Deshalb musst du ihnen immer wieder klarmachen, dass du zu nichts anderem da bist, als ihnen genau diese Hilfe zu geben.

VICTORIA

Beim herkömmlichen Mitarbeitergespräch siehst du dir Ergebnisse an und schlägst Lösungen vor. Ganz anders ist es beim 1-zu-1-Gespräch. Hier ist der Wechsel zu einem Coaching-Modell gefordert. Aber wie schaffst du diesen Sprung? Trainier es in einem Rollenspiel mit einem Kollegen. Probier aus, wie du deinen Gesprächsanteil von 80 auf 20 Prozent drücken kannst. Versuch, das Gespräch nicht zu »führen«, sondern ihm zu folgen. Und: Biete nicht länger Lösungen an, coache stattdessen dein Gegenüber.

Mund zu – Ohren auf: Einfühlsames Zuhören

Mit Allison arbeite ich schon seit über zehn Jahren zusammen. Während eines 1-zu-1-Gesprächs schilderte sie mir ein Problem, das mich brennend interessierte. Sofort schaltete ich in den Lösungsmodus. Die Ideen sprudelten nur so aus mir heraus. Ich löcherte Allison mit Fragen. Doch ehe sie etwas sagen konnte, unterbrach ich sie und gab die Antwort selbst. Schließlich rief Allison: »Jetzt sei bitte einfach mal still, dann erklär ich dir alles!«

Verdutzt hielt ich inne. Was in aller Welt machte ich da? Ich verstieß gegen alle Regeln des 1-zu-1-Gesprächs und brachte eine meiner liebenswürdigsten Mitarbeiterinnen dazu, mich in die Schranken zu weisen. Und sie war vollkommen im Recht!

Zuhören ist eine extrem unterbewertete Führungskompetenz. Uns wurde beigebracht, wie wichtig es ist, klare Botschaften zu senden, überzeugende Argumente ins Feld zu führen und schlagfertig zu kontern. Bestenfalls geben wir Lippenbekenntnisse zum Wert des Zuhörens ab. Doch im Grunde widerspricht es unseren Vorstellungen einer zupackenden Führungskraft. Wir sind es gewohnt, den Ton anzugeben, Visionen zu entwickeln, Projekte voranzutreiben und Anweisungen zu geben. Das alles sind Dinge, die als Zuhörer kaum machbar sind.

Zuhören ist harte Arbeit. Du musst deine eigenen Bedürfnisse zurückstellen und dich auf diejenigen eines anderen einlassen. Das setzt Selbstdisziplin und echtes Interesse voraus, den Standpunkt des anderen zu verstehen. Wirklich zuhören kannst du nur, wenn dir der andere und das, was er zu erzählen hat, wichtig sind.

Allzu häufig wird Zuhören als Zeichen von Schwäche verstanden. Der Starke ist, wer »das Sagen hat«. TED Talks beispielsweise funktionieren nach diesem Muster.

Im Folgenden will ich dir eine Zuhörtechnik vorstellen, die mir über die Jahre sehr geholfen hat. Ich habe sie – in leicht abgewandelter Form – von der bekannten Kommunikationsexpertin und Linguistikprofessorin Deborah Tannen von der Georgetown University übernommen. Diese Technik ist sehr einfach, aber enorm wirksam. Schließe, während der andere spricht, bewusst den Mund. Achte darauf, dass sich deine Ober- und deine Unterlippe berühren. Solange das der Fall ist, kannst du unmöglich sprechen. Probier es aus. Du wirst kein einziges Wort über deine Lippen bringen. Folglich kannst du den Sprecher auch nicht unterbrechen. Aber bitte übertreib es nicht. Schneide keine Grimassen. Mach einfach nur den Mund zu, halte die Lippen geschlossen und hör zu.

Das ist noch nicht alles. Halt, wenn die andere Person geendet hat, deine Lippen weiter geschlossen. Zähl bis drei oder sogar bis fünf. Wenn du nichts sagst, wird dein Gegenüber nach einer kleinen Pause ziemlich sicher weitersprechen. Häufig ist es diese zweite »Runde« des Zuhörens, in der dir der andere wichtige Einblicke in seine Gefühls- und Gedankenwelt gewährt.

Ich bin überzeugt: Der erste Schritt, um ein besserer Zuhörer zu werden, besteht ganz einfach darin, nichts zu sagen und den anderen nicht zu unterbrechen.

−−−−−−−

Als ich einmal ein bunt gemischtes Team von Mitarbeitern aus mehreren Ländern leitete, war mir bewusst: Das Zuhören und das gegenseitige Verstehen würde über unseren Erfolg oder Misserfolg entscheiden. Während meiner 1-zu-1-Gespräche sagte ich häufig nichts, um die Möglichkeit zu haben, den Problemen richtig auf den Grund zu gehen.

Einmal hörte ich, wie ein Teammitglied zu einem anderen sagte: »Wenn du zu ihr ins Büro gehst, erzählst du am Ende immer mehr, als du wolltest.« Allerdings ging es mir nicht darum, anderen ihre Geheimnisse aus der Nase zu ziehen. Ich wollte sie verstehen: Was trieb sie an? Warum verhielten sie sich so und nicht anders? Welche Erfahrungen waren der Auslöser, dass sie so dachten, wie sie dachten?

Ich hatte kein Problem damit, nichts zu sagen. Das gab meinen Mitarbeitern den nötigen Raum, um laut zu denken. Und ich hatte genügend Zeit, um aufmerksam zuzuhören und abzuwarten, bis wichtige Probleme von selbst zum Vorschein kamen. Das war der Schlüssel, um einen besseren Überblick zu gewinnen und meiner Rolle als Coach und Führungskraft wirklich gerecht zu werden.

Ich habe gelernt, wie ich durch das Aushalten von Stille die Kommunikation verbessern kann. Dazu brauchte ich etwas Übung. Denn von Natur aus bin ich ein sehr gesprächiger Mensch. Aber als mir meine Mitarbeiter den Titel »Königin des Schweigens« verliehen, wusste ich: Zuhören ist eine grundlegende Führungskompetenz, die man sehr gut trainieren kann.

VICTORIA

−−−−−−−

Beim einfühlsamen Zuhören geht es nicht darum, dem anderen zuzustimmen oder ihm zu widersprechen. Einfühlsames Zuhören hat vor allem ein Ziel: den anderen zu *verstehen* – und zwar nicht nur *intellektuell*, sondern auch *emotional*. Wie das geht? Versuch, die Welt des anderen mit seinen Augen zu sehen. Stell deine eigene Sicht der Dinge so lange zurück, bis du die Gedankenwelt des anderen vollständig erfasst hast. Erst, wenn du seine Paradigmen kennst, kannst du nachvollziehen, was er denkt und wie er sich fühlt.

Besonders wichtig beim einfühlsamen Zuhören ist, dass du nicht nur auf die Worte deines Gegenübers achtest, sondern auch auf seine Körpersprache. Richte deine Antennen auf seine Mimik und auf seine Gestik. So kommst du den Gefühlen auf den Grund, die sich hinter den Worten des anderen verbergen.

Erst wenn der andere ausgesprochen hat, bist du an der Reihe. Jetzt liegt es an dir, sicherzustellen, dass du ihn tatsächlich verstanden hast. Versuch, seine Aussagen mit deinen eigenen Worten zu umschreiben:

- »Du sagst also, dass …«
- »Um sicherzugehen, dass ich dich richtig verstanden habe. Du denkst: …«
- »Es regt dich auf, dass … ?«

Achte darauf, dass du die obigen Formulierungen nicht inflationär verwendest. Nutze sie nur, wenn du es ehrlich meinst. Sonst klingen sie einstudiert und inhaltsleer. Entscheidend ist, dass du auf den anderen und seine Bedürfnisse eingehst. Gute Führungskräfte tun das auch nach dem 1-zu-1-Gespräch. Sie ziehen ihre Schlussfolgerungen aus dem Gehörten, passen Arbeitsziele entsprechend an und setzen erforderliche Änderungen um. Du wirst mit deinen 1-zu-1-Gesprächen sehr viel bessere Ergebnisse erzielen, wenn du sie als fortlaufenden Austausch verstehst und nicht als 30-Minuten-Schleusen, die es regelmäßig zu passieren gilt.

Neulich fragte mich eine Mitarbeiterin in einer sehr ernsten Sache um Rat. Ich hörte ihr zu und half ihr, das Problem aus der Welt zu schaffen. Es war ein konstruktives einstündiges Coaching-Gespräch. Die Mitarbeiterin war zufrieden und ich freute mich, dass ich ihr helfen konnte.

Am Tag darauf wollte jemand aus derselben Abteilung mit mir reden. Er sprach mich im Vorbeigehen auf dem Flur an. Ich hatte keine Zeit. Aber er begann ganz ähnlich wie die Mitarbeiterin am Vortag. Ich dachte: »He, ich kann ihm ganz leicht helfen. Das Problem habe ich gestern ja schon gelöst!« Also gab ich ihm schnell denselben Rat wie seiner Kollegin und machte mich dann eilig auf den Weg zu meinem Termin.

Der Mitarbeiter und ich hatten eine gute Beziehung zueinander. Nur deshalb erfuhr ich, welch desaströsen Folgen mein überstürzter Ratschlag hatte. Ich war geschockt. Was hatte ich da bloß angerichtet! Ich entschuldigte mich bei ihm und vereinbarte ein ausführliches Coaching-Gespräch mit ihm. Diesmal hörte ich ihm einfühlsam zu. Dabei zeigte sich, dass sein Problem ganz anders gelagert war als das seiner Kollegin. Deshalb erforderte es auch eine völlig andere Lösung. Das war mir eine große Lehre! Ich hätte den Mitarbeiter nicht einfach in aller Eile auf dem Gang abfertigen sollen. Viel besser wäre es gewesen, wenn ich ihm einen Gesprächstermin angeboten und ihm in aller Ruhe zugehört hätte. Dann hätte ich sein Problem wirklich verstanden und wir hätten gemeinsam eine passende Lösung finden können!

Viele Führungskräfte sagen, dass sie nicht gut zuhören können, wenn sie gestresst oder verärgert sind. Ich selbst habe mehr Schwierigkeiten mit dem Zuhören, wenn die Begeisterung mit mir durchgeht. Dann wechsle ich sofort in den Problemlösungsmodus. Leider passiert mir das auch, wenn die vordergründige Fragestellung in Wahrheit gar nicht das Problem ist.

Und was ist mit dir? Wann ist bei dir die Gefahr besonders groß, dass du den Zuhörmodus verlässt?

VICTORIA

– – – – – – –

Eines der wichtigsten Zitate von Dr. Stephen R. Covey lautet: »Das tiefste Bedürfnis des menschlichen Herzens ist es, sich verstanden zu fühlen.« Bleib ruhig und gelassen, wenn das nächste Mal in einem Gespräch die Emotionen hochkochen. Hör auf das, was die andere Person *tatsächlich* sagen will. Versuch, die Welt mit den Augen des anderen zu sehen und ihn *wirklich* zu verstehen.

Mach am Ende des 1-zu-1-Gesprächs klare Zusagen

Wenn es ums einfühlsame Zuhören geht, winken viele Führungskräfte erst mal ab. Häufig bekomme ich zu hören: »Das ist nichts für mich. Ich will ja nicht der Bürotherapeut werden!« Manche sind auch ungeduldig und sagen: »Wann sind wir endlich mit dem einfühlsamen Zuhören durch? Es wird höchste Zeit, dass wir zur Lösungssuche übergehen!«

Wie schon gesagt: Zuhören ist für die meisten Führungskräfte eine echte Herausforderung. Dennoch ist es unverzichtbar, um wirksame Lösungen zu finden. Damit du dieses Ziel erreichst, sollten deine 1-zu-1-Gespräche zwei Schwerpunkte haben: Am Beginn steht das einfühlsame Zuhören. Danach geht es darum, deine Mitarbeiter zu coachen, zu unterstützen und weiterzuentwickeln. Dazu ist es nötig, dass du ihnen deine Erkenntnisse, Ideen und Konzepte vermittelst. Hier ein Beispiel: Ich hatte einen Mitarbeiter, der seine Ziele nicht erreichte. Das war extrem demotivierend für ihn. Da ich ihm während unseres 1-zu-1-Gesprächs geduldig zuhörte, konnte ich seinen ganzen Frust spüren. Wir sprachen dann darüber, wie sich die verfehlten Ziele auf seine Motivation und sein Engagement auswirkten. Aber dabei ließ ich es nicht bewenden. Anschließend entwarfen wir einen Plan, wie er seine Verkaufsgespräche verbessern und seine Ziele erreichen konnte. Das zeigt: *Zuhören allein reicht nicht.* Deine Mitarbeiter brauchen auch ein praxisbezogenes Coaching und konkrete Lösungen.

Coaching ist mehr, als nur Fragen zu stellen und zuzuhören. Es bedeutet, dass wir uns beim Wort nehmen und das Besprochene auch umsetzen. Geht zum Schluss des Gesprächs gemeinsam alle Schritte durch, auf die ihr euch in der Vorwoche verständigt habt. Wurden nicht alle Punkte umgesetzt? Dann hör deinem Mitarbeiter gut zu. Versuch zu verstehen, weshalb er etwas nicht gemacht hat. Coache den Mitarbeiter anschließend zum weiteren Vorgehen. Sprecht über Probleme und Lösungsmöglichkeiten. Begeh aber nicht den Fehler, deinem Mitarbeiter alles haarklein vorzugeben. Lass ihn die nächsten Schritte selbst festlegen. Achte darauf, dass er klare Zusagen macht. Im Kapitel zur 3. Methode erfährst du, wie du effektiv delegieren und Feedback geben kannst, falls die Dinge nicht wie geplant laufen. Beispielsweise bekommst du Tipps, was du tun kannst, wenn ein Mitarbeiter wiederholt Fristen nicht einhält.

Als Führungskraft hast du sehr viele Möglichkeiten, um deine Teammitglieder zu unterstützen. Ebne ihnen Wege, wenn sie selbst an ihre Grenzen stoßen: Räum bürokratische Hindernisse aus dem Weg, vermittle Kontakte oder hol Informationen von Leuten ein, die für deine Mitarbeiter nur schwer erreichbar sind. Frag einfach: »Was kann ich in dieser Woche tun, um dich zu unterstützen?« Mach deine Versprechen unbedingt wahr. Nur, wenn du selbst deine Zusagen einhältst, werden es deine Mitarbeiter auch tun!

2. Methode: Tools für die Praxis

1-zu-1-Gesprächsplaner

Die folgenden Formulare erleichtern dir die Planung und Vorbereitung deiner 1-zu-1-Gespräche. Natürlich kannst du sie jederzeit an deine Bedürfnisse anpassen. Die Formulare helfen dir, die Gesprächszeit optimal zu nutzen und die richtigen Fragen zu stellen. So profitieren dein Mitarbeiter und du bestmöglich von eurem 1-zu-1-Gespräch.

Abgesehen von der Vorbereitung sind die Formulare auch ein gutes Mittel, um die Ergebnisse der Gespräche festzuhalten. Viele Führungskräfte haben so viel zu tun oder so viele Leute im Team, dass sie nicht mehr genau wissen, worüber sie beim letzten Gesprächstermin mit einem Mitarbeiter gesprochen haben. Doch so ist das 1-zu-1-Gespräch kein Gewinn, sondern Zeit- und Energieverschwendung.

Gesprächsplaner für Führungskräfte	
Datum:	Mitarbeiter/-in:
Rückschau, Entwicklungsziele und Feedback	
Ergebnis und Follow-up-Themen aus dem letzten 1-zu-1-Gespräch:	
Langfristige Entwicklungsziele des Mitarbeiters:	
Aktueller Entwicklungsschwerpunkt:	
Bestärkendes Feedback, das ich geben möchte:	
Korrigierendes Feedback, das ich vermitteln will:	

Gesprächsplaner für Führungskräfte

Datum: | Mitarbeiter/-in:

Feedback, um das ich bitten möchte:

Projekte oder Aufgaben, über die wir sprechen sollten:

Fragen, die ich stellen möchte:

Gesprächsplaner für Mitarbeiter

Datum:

Herausforderungen, Chancen und Unterstützung

Ergebnisse und Follow-up-Punkte aus früheren 1-zu-1-Gesprächen:

Meine größte aktuelle Herausforderung und Unterstützungsmöglichkeiten durch meinen Vorgesetzten:

Meine wichtigste derzeitige Chance und konkrete Ideen für die nächsten Schritte:

Gesprächsplaner für Mitarbeiter

Datum:

Dinge, die mein Vorgesetzter wissen sollte, aber möglicherweise nicht weiß:

Zusätzliche Informationen, die ich brauche, um meine Aufgaben erfolgreich zu erledigen:

Weitere Projekte und Aufgaben, über die ich sprechen möchte:

Entwicklungsziele und nächste Schritte

Bisherige Fortschritte im Hinblick auf meine Entwicklungsziele:

Themen, zu denen ich meinen Vorgesetzen um Feedback fragen will:

Entwicklungsbereiche, auf die ich mich in dieser Woche konzentrieren will, und Möglichkeiten, wie mein Vorgesetzter mich hier unterstützen kann:

Feedback für meine Führungskraft

Bestärkendes Feedback, um meinem Vorgesetzten zu helfen, als Führungskraft noch effektiver zu werden.

Korrigierendes Feedback, damit mein Vorgesetzter noch effektiver als Führungskraft werden kann.

Coaching-Fragen

Neben dem Gesprächsplaner helfen dir die folgenden offenen Fragen bei der Vorbereitung und Durchführung deiner 1-zu-1-Gespräche:

Einschätzung der Engagementstufe

Mitarbeiter
- Wie fühlst du dich in deiner Rolle?
- Wo hast du das Gefühl, dass du dich weiterentwickelst? Und wo nicht? Woran machst du das fest?
- Was interessiert dich an den Projekten, an denen du gerade arbeitest am meisten? Warum?
- Was gefällt dir an deiner Arbeit momentan am besten? Was am wenigsten?
- Wie wirkt sich das, was dir am wenigsten gefällt, auf deine Gesamtleistung aus?
- Was läuft für dich in deiner aktuellen Position gut?
- Was würdest du gerne ändern?
- Wo kannst du in deiner aktuellen Position deine Fähigkeiten und Talente am besten einsetzen?
- Wo hast du das Gefühl, nicht weiterzukommen oder dein Potenzial nicht richtig ausschöpfen zu können? Was könntest du anders machen?
- Woran würdest du in den nächsten Monaten arbeiten, wenn du frei entscheiden könntest?
- Welche eine Sache könnte deine Zufriedenheit im Job enorm steigern – und warum?
- Zu welchen Themen wünschst du dir mehr Feedback?

Team
- Wie würdest du die »Persönlichkeit« deines Teams beschreiben? Welcher Persönlichkeitstyp könnte in diesem Team besonders gut arbeiten? Welcher Persönlichkeitstyp könnte etwas ins Team bringen, das momentan fehlt?
- Wie könnten wir unsere Teamarbeit verbessern?
- Gibt es im Team etwas, das du gerne ändern würdest? Wenn ja, warum sollte es geändert werden?

Führungskraft
- Wo fühlst du dich von mir gut unterstützt und wo nicht?
- Womit helfe ich dir, erfolgreich zu sein? Und womit könnte ich dich noch besser unterstützen?
- Was könnte ich tun, um deine Arbeit interessanter oder einfacher zu machen?

Probleme offen ansprechen

- Kannst du mir Details zu diesem speziellen Problem nennen?
- Wie war diese Erfahrung für dich?
- Was hat das mit dir gemacht?
- Was war deiner Meinung nach die Ursache dafür?

Mitarbeiter coachen, ein Problem zu lösen

- Was ist aktuell dein größtes Problem?
- Was hast du bereits versucht, um das Problem zu lösen?
- Welche positiven Erfahrungen aus der Vergangenheit könnten dir bei der Lösung des Problems helfen?
- Was hast du noch nicht versucht?

Die Weiterentwicklung von Mitarbeitern fördern

- Auf welche Projekte bist du wirklich stolz? Was würdest du gern als Nächstes tun?
- Welche zwei oder drei neuen Fähigkeiten würdest du dir gern für deinen Job aneignen? Weshalb sind diese Fähigkeiten besonders interessant für dich?
- Welche anderen Rollen und Aufgaben könntest du dir für dich in Zukunft vorstellen? Welche Tätigkeitsbereiche würdest du gerne kennenlernen?
- Wie sieht die ideale Position für dich aus? Was wäre anders im Vergleich zu dem, was du jetzt machst?

Mehr über Herausforderungen der Mitarbeiter erfahren

- Mehr über Herausforderungen der Mitarbeiter erfahren
- Was ist die größte Herausforderung, mit der du es gerade zu tun hast? Wie kann ich dich dabei unterstützen?
- Was hat dich in der letzten Woche am meisten an deiner Arbeit frustriert? Was kann ich unternehmen, um dir zu helfen?
- Was sind deine größten Sorgen im Hinblick auf deine aktuellen Projekte?

Mehr über ein Projekt erfahren

- Welcher Aspekt dieses Projekts interessiert dich besonders?
- Was frustriert dich an diesem Projekt?
- Was kann ich tun, um dir die Arbeit an diesem Projekt zu erleichtern?
- Was weiß ich vielleicht noch nicht über dieses Projekt? Was sollte ich unbedingt erfahren?

Über aktuelle Veränderungen sprechen

- Wo siehst du im Zusammenhang mit dieser Veränderung Probleme, über die noch zu wenig gesprochen wurde?
- Was läuft in der neuen Situation gut und was nicht? Warum, glaubst du, ist das so?
- Wie wirkt sich die neue Situation auf deine Arbeit aus? Was könnte deine Effektivität verringern?

Eine Verbindung zwischen den verschiedenen 1-zu-1-Gesprächen herstelllen

- Welche Fortschritte hast du bei den nächsten Schritten gemacht, über die wir letztes Mal gesprochen haben?
- ✗ In unserem letzten 1-zu-1-Gespräch hast du gesagt, dass du dich im Bereich X gerne weiterentwickeln würdest. Wie kommst du hier voran?
- An welchen Entwicklungsthemen möchtest du in der kommenden Woche arbeiten?

1-zu-1-Gespräche effektiver machen

- ✗ Was würdest du an diesen Gesprächen gerne ändern? Wie könnten wir sie gestalten, dass sie mehr für dich bringen?
- Ich versuche, unsere 1-zu-1-Gespräche zu verbessern. Deshalb würde ich mich über dein ehrliches Feedback freuen. Was gefällt dir an den Gesprächen? Was könnten wir besser machen?
- Welche eine Sache könnte ich tun, um unsere 1-zu-1-Gespräche noch effektiver zu machen? Was könnten wir ausbauen, ausprobieren oder weglassen?

Erkenntnisse und nächste Schritte

Was hast du über Methode 2 gelesen? Bitte denk noch mal gründlich über alles nach. Notier dir jetzt gleich, was für dich und deine Arbeit als Führungskraft besonders wichtig ist.

_____

_____

_____

_____

_____

_____

Schreib jetzt bitte zwei oder drei Dinge auf, die du tun wirst, um Methode 2 erfolgreich umzusetzen. Wann wirst du damit beginnen?

_____

_____

_____

_____

_____

_____

_____

_____

3. Methode
Richte dein Team auf Ergebnisse aus

Vor einigen Jahren arbeitete ich für ein Luxushotel in Paris. Hier war man sehr stolz auf den außergewöhnlichen Gästeservice. Wann immer ein prominenter Gast zu Besuch war, gaben sich die Mitarbeiter alle Mühe, den Tisch fürs Abendessen perfekt einzudecken. Sie verfügten über jahrelange Erfahrung und kannten ihre Arbeit in- und auswendig. Doch sobald ein Tisch fertig war, kam die Oberkellnerin, um alles noch mal genau unter die Lupe zu nehmen und das eine oder andere Champagnerglas zurechtzurücken. Eine Minute später schaute dann der Direktionsassistent vorbei und faltete die Leinenservietten neu. Schließlich warf der Geschäftsführer persönlich einen Blick auf den Tisch. Und auch er fand immer wieder Kleinigkeiten, die er eigenhändig korrigierte.

Nach einer Weile waren die Mitarbeiter total frustriert. Sie versuchten erst gar nicht mehr, alles perfekt zu machen. Ihnen war klar, dass sich ihre Vorgesetzten ohnehin um alles kümmern würden. Die Führungskräfte ließen es sich einfach nicht nehmen, selbst Hand anzulegen. Doch dadurch sabotierten sie ihren eigenen Erfolg – es sei denn, ihr Ziel bestand darin, dass mehrere Managementebenen jeden Abend damit beschäftigt waren, Gläser und Gabeln geradezurücken ...

VICTORIA

– – – – – –

Ich bin immer wieder überrascht, wie viele Menschen täglich zur Arbeit kommen und keine Ahnung haben, warum sie tun, was sie tun. Wenn Mitarbeiter Dinge nur machen, weil ihr Vorgesetzter es ihnen so aufgetragen hat, wirkt sich das äußerst negativ auf das Engagement des Teams aus.

Übliche Denkweise	Effektive Denkweise
Ich sage meinen Leuten, was sie tun sollen und wie sie es genau machen sollen.	Ich helfe meinen Leuten, das »Warum« hinter dem »Was« zu erkennen, und unterstütze sie beim »Wie«.

Warum wird jemand zur Führungskraft befördert? Meist ist das der Fall, weil er auffällig gute Ergebnisse bringt. Und dann? Als frischgebackener Teamleiter versuchst du, eine vertrauensvolle Beziehung zu deinen neuen Mitarbeitern aufzubauen. Doch dann kommst du plötzlich ins Straucheln. Das passiert in dem Augenblick, in dem die übliche Denkweise mit dir durchgeht. Dann fängst du an, deinen Leuten haarklein zu sagen, was sie zu tun haben. Womöglich erledigst du sogar alles selbst – schließlich weißt du ja, wie man es am besten macht. Das erscheint dir schneller, berechenbarer und erfolgversprechender.

Die übliche Denkweise blockiert jedoch die Kreativität und die Einsatzbereitschaft der Mitarbeiter. Zudem lädst du dir so als Führungskraft jede Menge Extra-Arbeit auf – und du zerstörst das Vertrauen im Team. Wenn du nach der üblichen Denkweise vorgehst, musst du als Vorgesetzter alle Antworten kennen, jedes Detail überblicken und mit der Peitsche knallen, um zu gewährleisten, dass alles nach deinen Vorstellungen umgesetzt wird. Woher ich das weiß? Ich habe selbst einige Jahre mit dieser Denkweise gelebt. Dabei habe ich erkannt: Sie funktioniert einfach nicht! Hier nur ein Beispiel: Als Chief Marketing Officer kontrollierte ich immer wieder, ob meine Leute auch wirklich das richtige Band für unsere Postsendungen verwendeten. Es musste natürlich aus Satin sein und farblich perfekt zu den Aussendungen passen. Eines Nachmittags kam ein jüngerer Mitarbeiter zu mir ins Büro, um mich zu fragen, ob ich noch mehr Satinband in einer bestimmten Farbe hätte. Sarkastisch erwiderte ich: »Sicher. Jede Menge. Ich habe es hier in meinem Aktenschrank deponiert.« Zu meinem Entsetzen glaubte er mir. Ich hatte die Erwartung geweckt, dass sich der CMO einer weltweit agierenden Wirtschaftsprüfungs- und Beratungsgesellschaft höchstpersönlich um die Bevorratung von Satinbändern kümmerte. Das war eine Lektion in Mikromanagement, die ich nie mehr vergessen werde!

Wenn Führungskräfte ihren Mitarbeitern bis ins kleinste Detail vorgeben, wie sie Waren einsortieren, Postsendungen gestalten oder Förderanträge formulieren sollen, werden sie ein Jahr später noch genau dasselbe machen. So gibt es keinen Fortschritt und keine Verbesserungen. Und skalieren kann man das natürlich auch nicht. Solange du nicht delegierst, und dazu gehört auch Unterrichten, Coachen und Ratschläge erteilen, bist du nur ein gewöhnlicher Mitarbeiter im Kostüm einer Führungskraft. Vielleicht bildest du dir ein, dass das keinem auffällt. Aber da täuschst du dich – alle wissen es!

Die effektive Denkweise macht es möglich, dass deine Mitarbeiter Entscheidungen nach eigenem Ermessen treffen und das große Bild hinter ihrer täglichen Arbeit erkennen. Das erfordert jedoch den kontinuierlichen Einsatz von Zeit, Geduld und Verständnis. Richtig gute Führungskräfte planen Ziele *mit* ihren Mitarbeitern und nicht *für* sie. Sie geben Aufgaben ab, ohne ihre Leute ständig zu kontrollieren. Allerdings lassen sie ihre Mitarbeiter nicht allein. Vielmehr tun sie alles, um sie bestmöglich zu unterstützen.

Genau das hat mein Nachfolger an der Spitze der Marketingabteilung gemacht. So konnte er das Engagement der Mitarbeiter enorm verbessern. Gerne erzähle ich dir die ganze Geschichte: Ein knappes Jahrzehnt lang hatte ich das Budget und die Ziele für unsere Marketing-Mitarbeiter mehr oder wenig auf eigene Faust festgelegt. Jedes Jahr setzte ich mich hinter verschlossenen Türen mit meinem eigenen Vorgesetzten zusammen. Gemeinsam diskutierten wir die Teamziele und stellten ein entsprechendes Budget auf. Anschließend teilte ich die Gelder nach Gutdünken auf meine Mitarbeiter auf. Das funktionierte ziemlich gut. Allerdings nur, weil niemand wusste, wie es anders und besser ging. Die Entscheidungsfindung lag bei mir. Natürlich sprach ich mit meinen Leuten über die Budgetverteilung. Doch am Ende bestimmte ich allein, wer welchen Anteil bekam.

Als mein Nachfolger übernahm, sah das ganz anders aus: Er beteiligte die Mitarbeiter an den Budgetentscheidungen. Zunächst besprach er das Ganze mit seinem Vorgesetzten. Anschließend setzte er sich – anders als ich – mit seinen Leuten zusammen. Er diskutierte die Ziele der Abteilung mit ihnen und fragte sie nach ihren Ideen. Dann stellte er ein transparentes Budget auf, das die Mitarbeiter zu sehr viel mehr Engagement und eigenständigem Arbeiten motivierte.

Er ging sogar noch einen Schritt weiter. Sobald er wusste, wie viel Geld für die einzelnen Projekte zur Verfügung stand, überließ er Teile des Budgets seinen Mitarbeitern. Ob Online-Marketing, Social Media oder Messen: Die einzelnen Abteilungsleiter hatten ihr eigenes Budget und konnten selbst entscheiden, wofür sie es nutzen wollten.

Mein Nachfolger schenkte seinen Mitarbeitern mehr Vertrauen und behielt weniger Informationen für sich. Könnte ich die Zeit noch mal zurückdrehen, würde ich mir weniger Sorgen darum machen, die Kontrolle aus der Hand zu geben. Stattdessen würde ich die Mitarbeiter mehr einbeziehen und sie nach ihrer Meinung und ihren Ideen fragen. Schließlich sind sie am nächsten an den Aufgaben dran, die erledigt werden müssen, um die Ziele tatsächlich zu erreichen. Mein Nachfolger setzte auf *viel Beteiligung* und *freiwilliges Engagement*. Dagegen lautete mein Rezept: keine Beteiligung und erzwungenes Engagement.

— — — — — — —

Vor einigen Jahren arbeitete ich mit einem Franchise-Nehmer einer internationalen Fastfood-Kette. Da Schweden seine Steuergesetzgebung geändert hatte, stand er vor einer schwierigen Entscheidung: Er musste entweder den Unternehmensgewinn steigern oder Mitarbeiter entlassen. Da er auf Kündigungen verzichten wollte, versuchte er, das Betriebsergebnis zu verbessern. Mit Bonuszahlungen und anderen extrinsischen Motivatoren wollte er seine Leute dazu bringen, die Kosten zu senken und den Umsatz zu steigern. Doch das brachte nicht den erhofften Erfolg. Es sah so aus, als wäre er gezwungen, die Mitarbeiterzahl in seinen zehn Filialen stark zu verringern.

Nachdem wir intensiv über Entlassungen diskutiert hatten, schlugen wir dann doch einen anderen Weg ein. Wir versammelten die gesamte Belegschaft und erklärten allen Mitarbeitern, warum der Umsatz gesteigert und Kosten gesenkt werden mussten. Dabei kamen alle Fakten offen auf den Tisch. Wir erklärten, dass die gestiegene Steuerlast das Unternehmen dazu zwang, profitabler zu werden. Nur so konnten wir die Arbeitsplätze erhalten. Gemeinsam mit uns erarbeiteten die Mitarbeiter die Ziele, die sie erreichen mussten, um ihre Jobs zu sichern. Zudem entwickelten sie einen Plan, was konkret zu tun war, um diese Ziele tatsächlich zu erreichen.

Schlagartig änderte sich die Situation. Die Mitarbeiter steigerten ihre Leistung und optimierten ihre Arbeitsweise, so dass die Kosten sanken. Doch auch das Management trug seinen Teil zum Erfolg bei. Es räumte Hindernisse aus dem Weg oder schichtete Ressourcen entsprechend den ak-

tuellen Erfordernissen um. Die Umsätze und das Ergebnis wurden immer besser. Innerhalb kurzer Zeit wurden die selbstgesetzten Ziele erreicht – und die Arbeitsplätze gerettet!
Das alles war erst möglich, nachdem der Eigentümer und das Management ihr Denken radikal verändert hatten. Der Schlüssel zum Erfolg war, dass die Mitarbeiter einbezogen wurden und wichtige Entscheidungen selbst treffen konnten.

VICTORIA

— — — — — — —

Richte dein Team so aus, dass du am System arbeiten kannst

Dr. Stephen R. Covey vermittelte ein ähnliches Konzept, das mir täglich enorm weiterhilft. Er beschreibt zwei Arten von Führungsverantwortung, die beide ihren Wert haben:

1. Die Arbeit »*im* System«. Hier geht es darum,
   die Dinge richtig zu machen.
2. Die Arbeit »*am* System«. Hier geht es darum,
   die richtigen Dinge zu machen.

Die Arbeit *im* System dreht sich um das Tagesgeschäft. Dazu gehören alle Aufgaben, Besprechungen und Projekte, die nötig sind, um den Geschäftsbetrieb am Laufen zu halten. Die Arbeit *am* System dagegen umfasst die strategische Konzeption und die Zukunftsplanung. Effektive Führungskräfte haben beides gleichermaßen im Blick.

Die Arbeit *im* System ist an sich nichts Schlechtes. Sie ist sogar notwendig: Immer wieder gilt es, die Ärmel hochzukrempeln und sich gemeinsam mit den Kollegen ans Werk zu machen. Doch viele Führungskräfte sind auch nach ihrer Beförderung *ausschließlich im* System unterwegs. Sie schaffen den Sprung vom Mitarbeiter zur Führungskraft nicht. Stattdessen arbeiten sie weiter *im* System, um daraus ihre Daseinsberechtigung abzuleiten und konkrete Ergebnisse ihrer Tätigkeit zu sehen. Besonders oft passiert das, wenn die Vorgesetzten dieser Führungskräfte nicht wirklich engagiert sind und ihnen nicht das nötige Feedback geben.

Wenn du dir als Führungskraft eigenständige, engagierte und fähige Mitarbeiter wünschst, musst du *am* System arbeiten. Das bedeutet, dass du dich auf die langfristige Strategie fokussierst, ein klares Zukunftsbild entwickelst und dafür sorgst, dass die richtigen Personen die richtigen Rollen übernehmen.

Um es zu wiederholen: Du arbeitest sowohl *im* als auch *am* System. Für dich und dein Team ist es jedoch von unschätzbarem Wert, dass du dich fragst, wann du das eine und wann du das andere tust. Hier die richtige Balance zu finden, ist nicht leicht. Deshalb achten wirklich erfolgreiche Führungskräfte genau darauf, wo sie ihre Zeit verbringen. Mir hat das geholfen, mich von meiner Neigung zum Mikromanagement zu befreien. Ich frage mich ständig: »Arbeite ich *im* oder *am* System?« Manchmal arbeite ich *im* System: Dann fokussiere ich mich auf Qualitätsfragen und unmittelbare Ergebnisse. Im Gegensatz dazu ist die Arbeit *am* System anspruchsvoller. Hier muss ich langfristig denken: Welche Aufgaben kann ich abgeben, damit mir ausreichend Zeit bleibt, um mich mit Zukunftsfragen zu beschäftigen? Und: Wie sieht die Zukunft in sechs, zwölf oder achtzehn Monaten für das Team und für mich aus? Was kann ich tun, dass meine Mitarbeiter und ich die nötigen Stärken und das Selbstvertrauen aufbauen, um uns weiter zu verbessern?

Das solltest du auch tun. Entwickle gemeinsam mit deinem Team klare Zukunftsziele. Lerne effektiv zu delegieren. Dann wissen deine Mitarbeiter genau, was sie brauchen, um erfolgreich zu sein. Zudem musst du so nicht die ganze Last allein auf deinen Schultern tragen.

Ich habe immer versucht, mich an der Vorstellung zu orientieren, dass jeder meiner Mitarbeiter künftig in der Lage sein sollte, meinen Job zu übernehmen. Vielleicht ist das gar nicht ihr Wunsch oder ihre Absicht, aber es ist mein Ziel!

Manche Führungskräfte finden die Vorstellung, dass ihre Mitarbeiter ihren Job machen könnten, vielleicht bedrohlich. Doch richtig gute Führungskräfte denken anders! Natürlich zeigen sie ihren Mitarbeitern, wie sie in ihrem aktuellen Tätigkeitsbereich erfolgreich sein können. Doch sie

bereiten sie auch auf den nächsten Karrieresprung vor – beispielsweise, indem sie ihnen verantwortungsvolle Aufgaben übertragen.
Als Führungskraft hast du wahrscheinlich viele ehrgeizige Ziele. Das kann manchmal ganz schön herausfordernd sein. Vielleicht hast du ja auch das Gefühl, dass die ganze Last allein auf dir liegt. Das kannst du ändern! Coache, schule und motiviere deine Mitarbeiter so, dass sie einen Teil dieser Last mittragen.

VICTORIA

— — — — — — —

1. Fähigkeit: Ziele an den Prioritäten der Organisation ausrichten

Wenn du dich auf die richtigen Prioritäten konzentrierst, kannst du erstaunliche Ergebnisse erzielen. Aber was ist, wenn du deinen Fokus falsch setzt? Dann kommst du ganz schnell auf die Abwärtsbahn.

Kannst du die folgenden Fragen beantworten?

1. Was sind die drei wichtigsten Prioritäten deines Teams?
2. Was sind die drei wichtigsten Prioritäten deines Vorgesetzten?
3. Welchen Beitrag leistet dein Team, um die Prioritäten eurer Organisation erfolgreich umzusetzen?

… und kann jeder (oder überhaupt irgendjemand) in deinem Team diese Fragen ebenfalls beantworten?

Manche Führungskräfte tun sich schwer damit, ihren Fokus auf einige wenige Prioritäten zu verengen. Sie versuchen, alles zu schaffen. Andere, wie beispielsweise ich, haben kein Problem mit der Fokussierung. Allerdings habe ich manchmal Schwierigkeiten mit der richtigen Ausrichtung des Fokus. Als ich noch Marketingchef war, interessierte ich mich manchmal mehr für die Strategie als mein Vorgesetzter. Für ihn wurde mein starker Strategiefokus zu einem echten Frustmacher. Niemand hat mir je fehlenden Fokus vorgeworfen – aber war mein

Fokus wirklich auf das gerichtet, womit ich meinem Unternehmen am meisten nützen konnte?

Im Laufe der Jahre habe ich gelernt, darauf zu achten, dass meine Prioritäten im Einklang mit denen meines Vorgesetzten stehen. Wenn er sah, wie ich meinen hart verdienten Einfluss nutzte, um seine wichtigsten Prioritäten zu verwirklichen, lief alles super. Doch sobald ich meine eigenen Themen in den Mittelpunkt stellte oder eigenmächtig handelte, kippte die Stimmung zwischen uns. Und das war nicht das, was ich wollte.

Verlass dich nicht auf Vermutungen, worauf sich dein Team fokussieren sollte. Du kannst deine eigenen Stärken nutzen, dich mit Projekten beschäftigen, die dich begeistern, und dir interessante Initiativen ausdenken. Das gilt allerdings nur, solange sie mit den Prioritäten deiner Organisation im Einklang sind. Achte darauf, dass dein Team sich auf das fokussiert, was dein Vorgesetzter erreichen will.

— — — — — — —

Hast du dich noch nicht mit deinem Vorgesetzten über die Ziele deines Teams ausgetauscht? Dann bitte ihn um ein Gespräch. Frag ihn einfach: »Bist du bereit, mir 20 Minuten zu geben, damit wir über unsere kurz- und langfristigen Teamziele sprechen können?«

Achte darauf, dass du die Gründe für die Ziele gut nachvollziehen kannst. Denn: Wenn du nicht von den Zielen überzeugt bist, werden es deine Mitarbeiter mit Sicherheit auch nicht sein.

TODD

— — — — — — —

Wenn du deinen Vorgesetzten nicht zu fassen bekommst, ist das noch lange keine Entschuldigung, deine Arbeit nicht an seinen Prioritäten auszurichten. Ich kann mich nicht so häufig mit meinem Chef austauschen, wie ich es gern täte. Deshalb schicke ich ihm einmal in der Woche eine E-Mail zum Thema »Fünf Dinge, die du wissen solltest«. Darin liste ich kurz einige Highlights der Arbeit meines Teams und wichtige Entscheidungen auf, die ich getroffen habe und die er kennen sollte. Solange ich nichts Gegenteiliges von ihm höre, setze ich den eingeschlagenen Kurs fort. In neun von zehn Fällen kommt von ihm nur ein simples »Danke« zurück. Das genügt mir, um zu wissen, dass wir auf einer Linie sind.

Möglicherweise funktioniert dieses Vorgehen auch bei dir. Du kannst so mit einem viel beschäftigten Vorgesetzten in Kontakt bleiben und ihn über die wichtigsten Dinge in deinem Team auf dem Laufenden halten. Natürlich kann ein E-Mail-Update kein 1-zu-1-Gespräch ersetzen. Aber du wirst erstaunt sein, wie sehr es dir hilft, die Prioritäten deines Vorgesetzten im Blick zu behalten.

Konzentrier dich auf wenige messbare Ziele

Beschränke dich auf die allerwichtigsten Ziele. Bekommst du die Ziele nicht von deinem Vorgesetzten diktiert? Hast du einen gewissen Entscheidungsspielraum? Dann bezieh dein Team in den Zielsetzungsprozess ein. Schließlich müssen deine Leute am Ende auch die Arbeit machen. Zudem haben sie oft Einblicke, die du vielleicht nicht hast.

Vermutlich hast du viel mehr Ideen, als dein Team tatsächlich umsetzen kann. Viele Führungskräfte überschätzen die Zahl der Ziele, die ihre Mitarbeiter erreichen können. Zudem erklären sie auch noch alle Ziele für gleichermaßen wichtig. Dabei kann kein Mensch sehr viele Dinge auf einmal meistern und dabei auch noch Spitzenresultate erzielen. Deshalb sollte sich dein Team immer auf maximal drei wichtige Ziele fokussieren.

Zugegeben, das ist das einfacher gesagt als getan. Du kannst nicht rumgehen und sagen: »Sorry Leute, aber wir machen hier immer nur drei Dinge gleichzeitig.« Hier gilt es, die richtige Balance zwischen den Anforderungen deines Vorgesetzten und der Arbeitsleistung deines Teams zu finden. Wenn du dich mit deinem Vorgesetzten über die Teamprioritäten abstimmst, solltest du diesen Punkt möglichst offen ansprechen. Jede erfahrene Führungskraft wird dieses Problem kennen, weil sie es bereits am eigenen Leib erlebt hat.

Gibt dir dein Vorgesetzter unrealistische oder zu viele Ziele für dich und dein Team vor? Dann halte höflich und respektvoll dagegen. Beispielsweise könntest du sagen: »Entschuldigung, aber in meinem Team haben wir nicht die Kapazitäten, um so viele Ziele gleichzeitig zu erreichen. Natürlich werden wir tun, was wir können. Aber so kann mein Team nicht auf Dauer erfolgreich sein. Zudem befürchte ich, dass einige Mitarbeiter so in den Burn-out getrieben werden oder sich nach einem anderen Arbeitgeber umsehen.« Das ist eine mutige Äußerung. Das »Recht« dazu kannst du dir verdienen, indem du deine Leistungsbereitschaft und deinen Einfallsreichtum bei deinem Vorgesetzten immer wieder aufs Neue unter Beweis stellst. So erkennt er, dass du dich nicht vor der Arbeit drücken, sondern dein Team vor Überlastung schützen willst.

Aber was ist, wenn dein Vorgesetzter darauf besteht, dass dein Team an unzähligen Zielen gleichzeitig arbeitet? In dem Fall kannst du ihn fragen, ob es möglich ist, die Ziele nach ihrer Wichtigkeit zu staffeln. So könnt ihr sie priorisieren und euch zunächst auf zwei oder drei Themen fokussieren.

Und noch etwas ist wichtig: Die Ziele müssen konkret und messbar sein. In der Regel enthalten sie einen Startpunkt, eine Ziellinie und eine festen Termin. Die Formel lautet:

Bis wann kommen wir von X nach Y!

Hier ein paar Beispiele:

- Bis zum 31. Januar haben wir die Kundenzufriedenheitswerte von 88 Prozent auf 90 Prozent gesteigert.
- Bis zum Ende des Geschäftsjahres sind die Projektlaufzeiten von 48 auf 38 Tage reduziert.
- Bis zum Ende des Quartals werden die Kosten von 1,4 Millionen auf 1,2 Millionen Euro sinken.

GUT ZU WISSEN! ?

Sich sehr anspruchsvolle Ziele stecken

Manchmal setzen wir uns hochgesteckte Ziele, die in der Theorie ganz toll klingen. Doch wir überlegen nicht, was wir tun können, um diese Ziele zu erreichen. Hier ein typisches Beispiel:

Begeistert von den Erfolgen der Zentrale führte unser lokales Büro ein sehr ehrgeiziges Ziel ein: Unsere Vertriebsmitarbeiter sollten zehn Stunden pro Woche Vor-Ort-Gespräche mit Kunden führen. Bisher hatten wir nicht nachverfolgt, wie viele Stunden der Vertrieb jede Woche bei unseren Kunden vor Ort war. Wir gingen also praktisch von 0 auf 10.

Rein theoretisch war unser Ziel perfekt. Aber unser Team war darauf schlichtweg nicht vorbereitet. Weil die Latte so hoch lag, machte sich Frustration breit. Es wäre besser gewesen, wenn wir zur Zentrale und zu den Mitarbeitern gesagt hätten: »Lasst uns im ersten Quartal mit drei Stunden beginnen und die Zahl dann steigern.« Außerdem hätten wir darüber sprechen sollen, was konkret zu tun ist, damit wir unser Ziel erreichen: »Welche Maßnahmen müssen wir ergreifen? Und: Wie können wir die Vor-Ort-Stunden mit den Kunden optimal nutzen?«

Wenn die Mitarbeiter nicht wissen, wie sie mit der Umsetzung eines Ziels beginnen und wie sie es am Ende auch erreichen können, solltet ihr euch fragen: »Was können wir tun, um tatsächlich dahinzukommen?« Beginnt mit kleinen Schritten. Arbeitet euch nach und nach in Richtung eures Ziels voran.

VICTORIA

Nutze ein Scoreboard

Chris McChesney, der Hauptautor des FranklinCovey-Bestsellers *Die 4 Disziplinen der Umsetzung*, sagt: »Menschen verhalten sich anders, wenn sie selbst Buch über ihren Erfolg führen.«

Ein Scoreboard zeigt deinen Mitarbeitern, wo sie auf dem Weg zu ihren Zielen gerade stehen. So erkennen sie auf den ersten Blick, ob sie auf Kurs sind oder ob sie Gefahr laufen, ihr Ziel nicht fristgerecht zu erreichen. Ein Scoreboard ist ein tolles Mittel, um dein Team zu motivieren. Zudem stellst du damit sicher, dass kein Mitarbeiter eure Ziele und den aktuellen Stand aus den Augen verliert. Ohne Scoreboard riskiert ihr, in den grauen Alltagstrott zu verfallen.

Ein motivierendes Scoreboard zeichnet sich vor allem durch 4 Eigenschaften aus. Es ist:

- **Einfach:** Als Führungskraft musst du diverse, oft sehr komplexe Daten verfolgen. Bei einem Team-Scoreboard ist das nicht der Fall. Es sollte möglichst einfach sein. Ein Blick auf das Scoreboard sollte genügen, um zu erkennen, ob ihr auf dem richtigen Weg seid. Ob grüne, gelbe und rote Balken, Emojis oder Tachometer: Lasst eurer Fantasie freien Lauf, um den aktuellen Stand der Dinge so anschaulich wie nur möglich darzustellen. Entscheidet selbst, ob ihr die Gesamtleistung des Teams, den Beitrag jedes Einzelnen oder beides darstellen wollt.
- **Sichtbar:** Aus den Augen, aus dem Sinn. Niemand wird sich für den Spielstand interessieren, wenn das Scoreboard auf Nimmerwiedersehen in irgendeiner Schublade verschwindet. Sorgt dafür, dass alle das Scoreboard direkt vor Augen haben. Beispielsweise könnt ihr es an einer Stelle im Büro platzieren, wo es gut zu sehen ist. Wenn ihr mögt, könnt ihr es auch zu Bildschirmschoner für alle Teammitglieder machen.
- **Aktuell:** Oft werden neue Ziele mit großem Trara verkündet. Anschließend wird ein Scoreboard installiert, das alle sehen können. Und dann? Dann passiert nichts. Das Scoreboard wird nicht auf den neusten Stand gebracht. So etwas ist demotivierend für dein Team. Deshalb: Stell sicher, dass die Daten möglichst in Echtzeit aktualisiert werden. Besonders wichtig ist das, wenn ihr die individuelle Leistung der einzelnen Mitarbeiter dokumentiert. So kann jeder sehen, dass seine Ergebnisse von allem im Team beachtet werden.
- **Motivierend:** Lasst das Team-Scoreboard nicht einfach in einer Flut von E-Mails, Dateien oder Scoreboards zu anderen Zielen untergehen. Gestaltet es so, dass es aus der Masse heraussticht. Wenn es eure Unternehmenskultur erlaubt, kann das Scoreboard auch gerne witzig und humorvoll sein. Wir haben zum Beispiel einen Karikaturisten engagiert, der täglich einen Comicstrip für unser Scoreboard erstellt hat. Auf einem anderen Scoreboard waren unsere Führungskräfte zu sehen, wie sie langsam im Treibsand

versanken, wenn wir uns in Sachen Zielerreichung nicht verbessern. Also, seid kreativ und macht euer Scoreboard zu etwas ganz Besonderem.

GUT ZU WISSEN! (?)

Teilzeitbeschäftigte und Zeitarbeitskräfte mit einem Scoreboard motivieren

Während meiner Schulzeit jobbte ich jedes zweite Wochenende als Kellnerin in einem Restaurant. Da ich eine Aushilfskraft war, informierte mich niemand über die Unternehmensziele. Aber es gab ein großes schwarzes Brett über dem Mitarbeitereingang. Darauf stand, wie viel Umsatz das Restaurant eingeplant hatte und welche Summe tatsächlich erzielt worden war. So wusste ich immer genau, wie wir aktuell im Rennen lagen.

Obwohl ich nur wenige Male im Monat in dem Restaurant arbeitete, waren die Ziele auch für mich selbsterklärend. Ich konnte sehen: »Wow, ich kann mithelfen, dass wir diese Zahl erreichen« und »Meine Schicht hat viel mehr Umsatz gemacht als letzte Woche«.

Diese Erfahrung hat mir gezeigt, dass ein einfaches Scoreboard auch Mitarbeiter motivieren kann, die keinen Vollzeitjob oder keine Festanstellung im Unternehmen haben.

Viele Führungskräfte wissen gar nicht, was ein Scoreboard alles bewirken kann. Es kann dein »verlängerter Arm« sein, um den Kontakt zu denen zu halten, mit denen du dich aus Zeitgründen nicht persönlich treffen kannst. Entwickelt ein klares, einfaches Scoreboard, das alle im Team anspricht. Achtet unbedingt darauf, dass das Scorebaord an einem zentralen Platz zu finden ist und nicht in einer dunklen Ecke verstaubt.

VICTORIA

Scoreboards können sehr motivierend sein – oder extrem demütigend. Wenn ihr individuelle Leistungen messt, müsst ihr sehr behutsam sein. Macht euch bewusst, wie sich die Schlusslichter auf dem Board fühlen. Sehen sie es als Antrieb, sich weiter nach vorn zu arbeiten? Oder haben sie das Gefühl, bloßgestellt und vom Team gemobbt zu werden? Ein Scoreboard soll einzelne Mitarbeiter nicht öffentlich an den Pranger stellen. Überlegt also genau, wie ihr hier am besten vorgeht.

Halte Commitment-Meetings ab

Ohne Zuverlässigkeit und Verbindlichkeit verlieren deine Mitarbeiter die wirklich wichtigen Ziele schnell aus dem Blick. Das ist menschlich. Die tägliche Aufgabenflut übernimmt die Regie, während das Scoreboard in Vergessenheit gerät. Was du dagegen tun kannst? Halte regelmäßig kurze Commitment-Meetings mit deinem Team ab. Legt gemeinsam fest, wie ihr den Punktestand auf dem Scoreboard nach vorn bringen wollt.

Aber Achtung: Commitment-Meetings sind keine Teambesprechungen, auf denen ihr irgendwelche Infos austauscht oder neue Mitarbeiter vorstellt. Es sind auch keine 1-zu-1-Gespräche, über die wir ja schon ausführlich im Rahmen der 2. Methode gesprochen haben. Commitment-Meetings, die sehr kurz sind und auch im Stehen stattfinden können, haben eine ganz einfache Agenda: Die Mitarbeiter sehen sich das Scoreboard an und berichten, welche ihrer Zusagen der letzte Woche sie umgesetzt haben. Dann geben sie neue Commitments für die nächste Woche ab.

Praxistipps für Commitment-Meetings:

- *Sprecht über nichts anderes als über eure Ziele, das Scoreboard und eure Commitments.* Zugegeben, das erfordert etwas Disziplin. Gespräche haben die Tendenz auszuufern. Konzentriert euch also bewusst auf eure Commitments und den Fortschritt im Hinblick auf die Ziele, die auf eurem Scoreboard stehen.
- *Achtet bei den Meetings auf die Zeit.* Zehn bis zwanzig Minuten sollten genügen. Manche Leute betrachten Meetings sehr skeptisch. Wenn es um unproduktive, ausufernde Sitzungen ohne klare

Agenda geht, stimme ich dem uneingeschränkt zu. Doch kurze, produktive Besprechungen, die ein klares Ziel verfolgen, sind für mich ein echter Gewinn.

- *Erstellt unbedingt eine Agenda.* Commitment-Meetings haben immer nur einen Zweck: die Ergebnisse des Teams auf dem Scoreboard zu verbessern. Jeder berichtet, was er im Hinblick auf seine Commitments aus der vorangegangenen Woche erreicht hat. Danach gibt er zwei oder drei neue Commitments für die nächste Woche ab. Wichtig ist, dass die Commitments sich auf ein konkretes Ergebnis beziehen und das Team näher an die angestrebten Ziele heranführen. Natürlich muss auch sichergestellt sein, dass jeder die entsprechenden Fähigkeiten und Befugnisse hat, um seine Commitments zu erfüllen.
- *Ebne deinen Mitarbeitern den Weg.* Ein wichtiger Teil deiner Rolle als Führungskraft besteht darin, deinen Mitarbeitern die Arbeit zu erleichtern. Das bedeutet nicht, dass du alles an dich reißen und ihre Aufgaben erledigen sollst. Vielmehr geht es darum, Hindernisse aus dem Weg zu räumen. Oft hast du aufgrund deiner Position, deiner Erfahrung oder deiner Kontakte wesentlich mehr Möglichkeiten als deine Leute. Was dich zehn Minuten kostet, kostet deine Mitarbeiter vielleicht zwei Wochen. Gerade junge Führungskräfte haben manchmal Hemmungen, ihren Einfluss geltend zu machen. Mit der Zeit wirst du ein Gespür dafür entwickeln, wann du eingreifen solltest und wann nicht. Oft ist es gar nicht so leicht, deinen Mitarbeitern den Weg zu ebnen. Nicht selten musst du dich durch bürokratisches Dickicht kämpfen oder unangenehme Gespräche führen. Doch die Mühe lohnt sich. Denn so gewinnst du die Anerkennung und den Respekt deines Teams.
- Auch über die folgende Möglichkeit solltest du nachdenken: Wie wäre es, wenn du die Leitung der Commitment-Meetings einem Mitarbeiter überträgst? Vielleicht musst du ihm erst zeigen, wie das genau geht. Aber dadurch steigerst du zusätzlich die Zuverlässigkeit und die Verbindlichkeit im Team.

Commitment-Meetings sind ein sehr effektives Mittel, um Ziele konsequent anzusteuern und den Zusammenhalt und die Verlässlichkeit im Team zu stärken. Allerdings werden deine Mitarbeiter diese Meetings nur ernst nehmen, wenn du das auch machst. Falls du sie immer wieder absagst oder während der Besprechungen dauernd auf dein

Smartphone schaust, werden sich deine Leute innerlich ausklinken. Führe die Meetings regelmäßig durch. Achte darauf, sie möglichst kurz und zielorientiert zu halten. Und: Zeige deinem Team, wie wichtig dir diese Meetings sind. Dann werden deine Mitarbeiter von sich aus die Verantwortung für ihre Zusagen und die Umsetzung eurer Ziele übernehmen.

2. Fähigkeit: Delegieren

Als ich 20 war, arbeitete ich für das Büro eines US-Präsidentschaftskandidaten. Vor einer großen Veranstaltung beauftragte mich der Wahlkampfleiter mit der Dekoration der Rednerbühne. Ich sollte einen riesigen Luftballonbogen aufbauen. Diesen Bogen würden Millionen Menschen in den Abendnachrichten zu sehen bekommen. Allerdings hatte ich keinen blassen Schimmer, wie ich diesen Bogen anfertigen sollte. Deshalb hängte ich mich dem Wahlkampfleiter an die Fersen, um ihm Fragen dazu zu stellen. Er aber sagte nur: »Ich weiß es nicht, Scott. Denk dir etwas aus. Das schaffst du schon.«

Ich weiß noch, wie ich dachte: »Wieso kommst du auf die Idee, mir zuzutrauen, dass ich das allein schaffe? Ich habe keine Idee, wie das gehen soll!« Für ihn war der Luftballonbogen nur eines von vielen Dingen, für die er zuständig war. Für mich war er das wichtigste Projekt, das ich je gehabt hatte.

Am Ende habe ich tatsächlich einen halbwegs ansehnlichen Luftballonbogen hinbekommen. Dennoch habe ich später noch oft über die Sache mit den Luftballons nachgedacht: Wollte der Wahlkampfleiter mir bewusst Kompetenzen übertragen? Oder hat er mich einfach im Regen stehen lassen? Wollte er mir die Chance geben, mich zu bewähren? Oder war das Ganze für ihn total belanglos?

Wahrscheinlich war es eine Kombination aus allem. Dennoch habe ich etwas Wichtiges aus der Sache gelernt: Wenn mich ein fähiger Mitarbeiter um etwas bittet, von dem ich weiß, dass er es selbst schaffen kann, nehme ich ihm das nicht ab. Denn hier handelt es sich um Lerngelegenheiten, die sich ein Leben lang bezahlt machen können.

Für mich ist das Delegieren wie eine Autofahrt. Die Führungskraft, die ihre Mitarbeiter alles ganz allein machen lässt, möchte mit möglichst wenig eigenem Einsatz ans Ziel kommen. Delegieren hat für sie nur einen einzigen Zweck: Sie will Arbeit von sich auf andere abwälzen. Diese Führungskraft hat es sich mit Decke, Kissen und Kopfhörern auf dem Beifahrersitz gemütlich gemacht. Sie hält ein Nickerchen, anstatt dem Fahrer bei der Navigation zu helfen oder ihm die Zeit mit Gesprächen zu vertreiben. Und an den Spritkosten beteiligt sie sich schon gar nicht. Doch schon bald ist der Fahrer überanstrengt, unmotiviert und unzufrieden.

Der Mikromanager dagegen delegiert, um anschließend vom Beifahrersitz aus das Kommando zu führen. Er erwartet, dass der Fahrer alles genau so macht, wie er es selbst tun würde. Bei jeder Kleinigkeit redet er mit: »Pass auf das Auto hinter uns auf! Jetzt musst du blinken! Brems doch endlich!« Das macht den Fahrer nervös und er wird unkonzentriert. Der Mikromanager weiß, dass er die andere Person ans Steuer lassen soll. Vielleicht wurde er auch von seinem Vorgesetzten dazu gedrängt. Wie dem auch sei: Am liebsten wäre er selbst auf dem Fahrersitz.

Ganz anders ist es bei einem Vorgesetzten, der anderen Verantwortung und Kompetenzen überträgt. Er tut das, damit die Mitarbeiter neues Wissen und wertvolle Erfahrungen sammeln können. Diese Führungskraft nimmt ihren Leuten Nebentätigkeiten ab – beispielsweise kümmert sie sich um die Navigation, das Tanken oder die Einstellung der Radiosender. Dadurch hilft sie ihren Mitarbeitern, sich auf das Wesentliche zu konzentrieren und eigene gute Entscheidungen zu treffen. Das motiviert den Fahrer und gibt ihm Selbstvertrauen. Nach der Ankunft fragt er: »Und wohin geht unsere nächste Reise?«

So delegierst du effektiv

Sehen wir uns den Fahrer mit der Führungskraft, die ihm Kompetenzen und Verantwortung überträgt, noch mal genauer an: Er hat Spaß an seiner Arbeit und versucht, seine Sache so gut zu machen, wie es nur geht. Ganz anders der Fahrer, dessen Vorgesetzter im Beifahrersitz vor sich hinschlummert. Er ist gleichgültig oder unzufrieden. Und der Fahrer des Mikromanagers, der ständig alles kontrolliert und es immer besser weiß? Der ist total frustriert. Er wartet nur auf die nächste Gelegenheit, diesen nervigen Job endlich loszuwerden.

Was ich damit sagen will? Die Art und Weise, wie du delegierst, hat entscheidenden Einfluss darauf, ob sich deine Mitarbeiter weiterentwickeln und wie engagiert und motiviert sie sind. Aber wie delegierst du erfolgreich und effektiv? Halte dich an die folgenden Schritte:

1. Mach den Projekterfolg messbar

Ein Projekt, das du nicht richtig kennst, kannst du nicht vernünftig delegieren. Wie lauten die Ziele und Fristen? Welche Fähigkeiten werden für das Projekt benötigt? Wie viel Zeit sollte es maximal in Anspruch nehmen? Wie stellst du dir das Ergebnis vor? Und wie kannst du Fortschritte und Zielerreichung konkret messen? Solange du selbst nicht weißt, wie ein »Erfolg« aussieht, weiß es mit Sicherheit auch kein anderer.

Dieser Schritt wird leider allzu häufig übersprungen. Selbst Führungskräfte, die schon lange im Geschäft sind, tun gut daran, sich zu fragen, wie sie Erfolg messen. Oder anders gesagt: Bevor wir uns in die Arbeit stürzen, sollten wir uns erst mal vor Augen führen, was genau wir erreichen wollen.

2. Frag dich, ob du das Projekt delegieren möchtest

Besonders frischgebackene Manager tun sich mit dem Delegieren oft schwer. Vielleicht zögerst du, Dinge aus der Hand zu geben, weil du sichergehen willst, dass sie genau nach deinen Vorstellungen erledigt werden. Und was ist, wenn du zu viel abgibst? Dann handelst du dir leicht den Ruf ein, dass du alles auf andere abwälzen willst. Überleg dir also ganz bewusst, was du delegieren möchtest.

Manche Führungsaufgaben sollten grundsätzlich nicht delegiert werden. Welche das sind? Das hängt stark von den Gegebenheiten in deinem Unternehmen ab. Um Dinge, die sehr kompliziert sind oder die viel Fingerspitzengefühl erfordern, solltest du dich als Führungskraft in der Regel selbst kümmern. Manche Manager neigen dazu, die schwierigen Dinge abzugeben, um nur die einfachen und angenehmen Aufgaben für sich zu behalten. Das solltest du nicht tun.

Mach es lieber genau andersherum: Kümmere dich um anspruchsvolle Strategiethemen, Systemfragen oder Verhandlungen selbst. Schließlich musst du am Ende dafür geradestehen. Zudem schadet es nicht, wenn deine Mitarbeiter sehen, dass du bereit bist, die Ärmel hochzukrempeln und selbst mit anzupacken. Dann

werden sie dir auch nicht so leicht vorwerfen, dass du dir Arbeit ersparen willst, indem du sie an andere delegierst.
Ich delegiere Aufgaben, damit ich meine Zeit optimal nutzen kann. Ich wälze aber keine lästigen Tätigkeiten auf mein Team ab. Gelegentlich übernehme ich auch einfache Arbeiten, um meinen Leuten zu signalisieren: »Wir sitzen alle in einem Boot – und ich bin mir nicht zu schade, auch selbst mit anzupacken!« Generell ist mir wichtig, dass meine Mitarbeiter nicht denken: »Scott kommt mit den schwierigen Dingen nicht klar« oder »Er lädt alle unangenehmen Jobs bei uns ab«.

3. Überleg, wem du das Projekt überträgst
Bevor du einem Mitarbeiter eine Aufgabe übergibst, solltest du dir folgende Fragen stellen:

- Hat der Mitarbeiter überhaupt Zeit dafür?
- Handelt es ich um eine Tätigkeit, die der Mitarbeiter gerne übernehmen würde? Hat er bereits Interesse daran geäußert?
- Besitzt der Mitarbeiter die erforderlichen Fähigkeiten? Und: Wie viel Coaching wird er brauchen, um erfolgreich zu sein?
- Hält der Mitarbeiter seine Zusagen und Fristen zuverlässig ein?
- Wird der Mitarbeiter von dieser Aufgabe profitieren, indem er eine neue Fähigkeit erwirbt oder eine bestehende ausbaut?
- Wird der Mitarbeiter gut mit den anderen Projektbeteiligten zusammenarbeiten?
- Könnten andere im Team es als unfair empfinden, wenn ich diesen Mitarbeiter mit dieser Aufgabe betraue?
- Wird der Mitarbeiter die Aufgabe als Vertrauensbeweis und Kompliment oder als Last betrachten?

4. Kläre mit deinem Mitarbeiter Art und Umfang des Projekts
Auch wenn du eine klare Vorstellung von dem Projekt hast, kannst du nicht einfach davon ausgehen, dass es deinem Mitarbeiter genauso geht. Viele scheuen sich, ihrem Vorgesetzten allzu viele Fragen zu stellen. Sie wollen nicht den Anschein erwecken, dass sie der Aufgabe nicht gewachsen sind. Doch der Mangel an Klarheit hat meist ziemlich negative Folgen. Die Mitarbeiter wissen nicht

wirklich, was zu tun ist. Womöglich haben sie nicht mal das richtige Ziel vor Augen.

Blaine Lee, renommierter Executive Coach und Autor des Buches *The Power Principle*, ist Konflikten zwischen Führungskräften und Mitarbeitern auf den Grund gegangen. Dabei hat er herausgefunden, dass so gut wie alle Probleme das Ergebnis ungeklärter gegenseitiger Erwartungen sind. Dabei spielt es keine Rolle, ob es um größere Projekte, die Angebote für die betriebliche Kinderbetreuung oder die Urlaubsplanung der Teammitglieder geht. Denk einfach mal an die letzten Mitarbeitergespräche, bei denen es Unstimmigkeiten gab: Hätte es diese Meinungsverschiedenheiten auch gegeben, wenn ihr eure Bedürfnisse und Wünsche besser kommuniziert und euch aufmerksamer zugehört hättet?

Setz alles daran, klare Erwartungen bei allen Beteiligten zu schaffen. Hak immer wieder nach – sag zum Beispiel: »Jetzt ist eine gute Gelegenheit, um klärende Fragen zu stellen. Alles liegt auf dem Tisch. Wir können über alles reden. Bitte tut euch keinen Zwang an und sagt frei heraus, was ihr denkt.«

Für klare Erwartungen zu sorgen, ist eine grundlegende Führungskompetenz. Häufig erfordert es zusätzlichen Aufwand, diplomatisches Geschick und das Verlassen der Komfortzone. Doch was passiert, wenn du als Führungskraft Aufgaben abgibst und nicht die gewünschten Ergebnisse von deinem Mitarbeiter bekommst? Am Ende musst du für die Resultate deines Teams geradestehen. Ich habe gelernt, Missverständnisse zu vermeiden, indem ich meinen Mitarbeitern klipp und klar sage, was ich mir vorstelle. Je besser mir das gelingt, desto seltener muss ich später bei der Ausführung einer Aufgabe eingreifen. Mit anderen Worten: Erkläre deinen Leuten genau, was du erwartest. Sei für deine Mitarbeiter da, wenn sie dich um Unterstützung bitten. Aber misch dich nicht andauernd in jedes noch so kleine Detail bei der Umsetzung ein. Gib ihnen den nötigen Freiraum, um die gemeinsam abgesprochenen Ergebnisse eigenständig zu erreichen. Oder anders gesagt: Erkläre erst das »Warum«. Definiere dann das »Was« und erörtere anschließend gemeinsam mit deinen Mitarbeitern das »Wie«. Wie das genau geht, erfährst du gleich.

> **GUT ZU WISSEN!** ❓
>
> ------
>
> **Lass dir deine Erwartungen zurückspiegeln**
>
> *Nachdem ich meine Ideen zu einem Projekt präsentiert habe, sind meine Mitarbeiter dran. Ich bitte sie, mir offen zu sagen, welche Erwartungen sie aus meinen Worten herausgehört haben.*
> *Häufig macht mir ihr Feedback deutlich, dass ich mich nicht klar genug ausgedrückt habe oder dass sie mich nicht richtig verstanden haben. Das Zurückspiegeln hilft mir sehr, Missverständnisse zu vermeiden.*
>
> **TODD**

Viele Führungskräfte finden nicht genügend Zeit, um die Erwartungen zu klären. Doch das rächt sich so gut wie immer. Schon bald nach Projektstart finden sie sich in einem arbeits- und zeitintensiven Kreislauf des Nachbesserns und Selbermachens wieder. Wie du das verhindern kannst? Hier ist ein kleiner Leitfaden, wie du Aufgaben auf eine Art und Weise delegieren kannst, die das »Warum« verdeutlicht und Klarheit schafft.

- **Erkläre das »Warum«.** Erläutere klipp und klar, *warum* das Projekt wichtig ist.
- **Definiere das »Was«.** Mach deutlich, *was* Erfolg genau bedeutet und *was* getan werden kann, um ihn zu messen.
- **Sprecht gemeinsam über das »Wie«.**
  Dabei sind folgende Punkte besonders wichtig:
  – Richtlinien: *Wie* sehen die Standards und Bedingungen, die erfüllt sein müssen, aus? *Wie* ist es mit Fristen und Terminen?
  – Ressourcen: Mitarbeiter, Budget, Tools – *wie* können die Ressourcen für das Projekt am besten verwendet werden?
  – Verbindlichkeit: *Wie* soll der aktuelle Projektstand kommuni-

ziert werden – in persönlichen Meetings, Video-Konferenzen oder per Textnachricht?
- Konsequenzen: *Wie* ist es um die Konsequenzen bestellt, wenn das Projekt erfolgreich abgeschlossen wurde? Gibt es eine Belohnung? Und: *Wie* sind die Konsequenzen, wenn der Projekterfolg ausbleibt?

Was wurde wann und mit wem vereinbart? Wenn du Projekte abgibst, solltest du dich keinesfalls nur auf dein Gedächtnis verlassen. Mach dir Notizen und führ Buch über die delegierten Aufgaben. So vermeidest du Missverständnisse und kannst jederzeit Verantwortung von deinen Mitarbeitern einfordern.

5. Gib die nötige Unterstützung

Du hast eine Aufgabe delegiert. Glückwunsch! Jetzt kannst du die Füße hochlegen und dich ganz entspannt zurücklehnen. Nein – das stimmt natürlich nicht! Wenn du einem Mitarbeiter eine neue Aufgabe überträgst, musst du ihn auch bei der Umsetzung unterstützen. Wie groß der Aufwand hierfür ist, liegt vor allem am Schwierigkeitsgrad der Aufgabe und an der Erfahrung des Mitarbeiters. Vielleicht hat er einige herausfordernde Augenblicke zu bestehen, die ihn bis an seine Grenzen bringen. Selbst wenn du deine Erwartungen klar kommuniziert hast, wird dein Mitarbeiter nicht immer optimale Ergebnisse bringen. Doch: Fehler zu machen, kann für dein Team ein Gewinn sein. Schließlich können wir durch Fehler sehr viel lernen.

Einer meiner ersten Vorgesetzten hatte ein feste Regel: Fehler wurden bereits im Vorhinein vergeben. Damit ermunterte er uns, unserer Kreativität freien Lauf zu lassen und auch mal Risiken einzugehen. Wir wussten: Wenn wir etwas falsch machen, bekommen wir keine Schwierigkeiten. Wir mussten nur zwei Dinge tun: Übertrieben riskante Maßnahmen vermeiden und unseren Vorgesetzten umgehend informieren, wenn etwas nicht so lief wie gedacht.

Beispielsweise erlaubte er den Mitarbeitern vom Kundenservice, Entscheidungen mit einem Volumen von bis zu 500 US-Dollar eigenständig zu treffen. Diese Entscheidungen stellte er auch nicht mehr in Frage. Sobald es um mehr als 500 Dollar ging, mussten wir Rücksprache mit ihm halten. Das Vertrauen, das er uns schenkte, bedeutete uns sehr viel. Wir missbrauchten es niemals und taten alles, um ihn nicht zu enttäuschen.

Was bedeutet es, wenn du in deinem Team eine Kultur der Vorab-Vergebung aufbaust? Dann zeigst du deinen Mitarbeitern, dass du ihnen ein hohes Maß an Eigenständigkeit zutraust. Natürlich werden sie auch mal Fehler machen. Doch du verzeihst ihnen diese Fehler, bevor sie überhaupt passiert sind. Im Gegenzug verhalten sich deine Leute loyal und verantwortungsbewusst. Sie halten sich an vereinbarte Grenzen. Du räumst ihnen eine breitere Fahrspur ein, so dass sie keine Veranlassung haben, die Straße seitlich zu verlassen. Deine Leute informieren dich, sobald etwas nicht so läuft wie vorgesehen. Dann kannst du ihnen helfen, das Ruder herumzureißen.

Vorab-Vergebung schafft Entspannung. So viel Vertrauen ist selten. Das gilt besonders für Führungsneulinge. Sie sind meistens erst einmal damit beschäftigt, ihre Position zu festigen. Deshalb halten sie zu gerade zu Beginn die Zügel ziemlich straff. Doch das lässt wenig Raum für Wachstum.

Herrscht in deinem Unternehmen Skepsis gegenüber einer Kultur der Vorab-Vergebung? Oder fällt es dir persönlich schwer, einem anderen einen Fehler durchgehen zu lassen? Meine Erfahrung zeigt: Die meisten Mitarbeiter werden so wie wir damals handeln: Wir waren dankbar für das große Vertrauen, das unser Vorgesetzter uns entgegengebracht hat. Deshalb respektierten wir ihn sehr. Zudem machten wir uns viele Gedanken darüber, wie wir zum Erfolg unseres Teams und unseres Unternehmens beitragen konnten. Das Resultat: Die Zufriedenheit der Kunden und die Umsätze stiegen!

Und was ist, wenn ein Mitarbeiter mit einer Aufgabe, die du ihm anvertraut hast, große Mühe hat? Darüber solltest du dich mit ihm in euren 1-zu-1-Gesprächen austauschen. Wenn wir nachher zur 4. Methode kommen, erkläre ich dir, wie du gutes, konstruktives Feedback geben kannst. Falls ein Mitarbeiter wiederholt nicht die erwartete Leistung bringt, nimm dir ausreichend Zeit. Mach ihm in aller Ruhe deutlich, was du dir von ihm erhoffst. Und: Damit es diesmal besser läuft, solltet ihr eure 1-zu-1-Gespräche eine Zeitlang in kürzeren Abständen führen.

Und noch ein Tipp: Arbeitet hart und vergesst das feiern nicht!

Bei FranklinCovey gibt es immer zu Beginn des neuen Geschäftsjahres eine große Auftaktveranstaltung. Das ist die ideale Gelegenheit, um unsere Erfolge zu feiern, etwaige Wunden zu lecken, von gelernten Lektionen zu berichten und die nächsten Ziele festzulegen. Wie du dir denken kannst, besteht die Gefahr, dass das Ganze in einen Marathon aus Reden und Präsentationen ausartet. Natürlich werden so viele nützliche Informationen weitergegeben. Doch: So bleibt die Feierlaune ganz schnell auf der Strecke.

Einmal fand die Auftaktveranstaltung statt, als wir gerade kurz davor waren, eine Neufassung unseres Workshops *Die 7 Wege zur Effektivität* herauszubringen. Dabei ging es um ein mehrtägiges Live-Programm, das die Teilnehmer mit den Inhalten des Buches vertraut macht und ihnen bei der Umsetzung in die Praxis hilft. Der Workshop sollte in diversen Sprachen in 170 Städten auf der ganzen Welt gleichzeitig starten. Es war ein Mammutprojekt, das ein bislang ungekanntes Maß an Einsatz, Fokussierung und Disziplin von uns erforderte.

Wir bereiteten uns akribisch auf die Produktvorstellung bei unseren internen Partnern vor. Beispielsweise hat unsere Marketingabteilung die Zahl der Menschen weltweit erechnet, die bereits mit den *7 Wegen* in Form von Live-Workshops, Webinaren, Podcasts, Büchern, E-Books oder Vorträgen in Berührung gekommen waren. Damals ergaben unsere Recherchen die enorme Zahl von 37 Millionen! Stell dir das mal vor: Wir hatten auf das Leben von *37 Millionen Menschen* einen unmittelbaren, positiven und nachhaltigen Einfluss ausgeübt. Das war Grund sowohl zur Dankbarkeit als auch zur Freude.

Wir konnten diese Zahl nicht einfach auf eine Folie packen – und fertig! Wir mussten etwas daraus machen, das spektakulär war und unter die Haut ging.

Als Executive Vice President war für mich im Rahmen der Konferenz eine Redezeit von 30 Minuten vor dem versammelten Unternehmen angesetzt. Am Morgen meiner lange geplanten und oft geprobten Rede fuhr mein Team heimlich, still und leise 14 riesige Konfettikanonen in den Festsaal des Hotels. Die Kanonen wurden unter Tischdecken versteckt, wo sie darauf warteten, genau im richtigen Moment zum Einsatz zu kommen.

Wir hatten die 14 Kanonen mit insgesamt 37 Millionen Krepppapierschnipseln in Menschenform befüllt. Wir wollten keine nüchternen Zahlen präsentieren. Unser Ziel war es, unsere Reichweite und unsere positive Wirkung auf Menschen in der ganzen Welt auf unvergessliche Weise erlebbar zu machen.

Kurz vor Beginn meiner Rede kam einer meiner Kollegen aus der Führungsriege zu mir. Ich hatte ihn in unsere Konfetti-Pläne eingeweiht. Jetzt bat er mich inständig, das Ganze abzublasen. Er befürchtete, dass die Aktion meiner Glaubwürdigkeit und meinem Ansehen bei den anderen Executives ernsthaft schaden könnte. Mein Kollege hatte sicher nur mein Bestes im Sinn. Aber ich hatte mir die Sache gründlich überlegt. Mehr noch: Ich war bereit, meinen guten Ruf dafür aufs Spiel zu setzen. Denn ich war aus vollem Herzen überzeugt, dass wir so auf unvergessliche Weise veranschaulichen konnten, was wir erreicht hatten – und was in Zukunft noch möglich war. Na ja, und außerdem hätte auch kein Mensch die 14 gefüllten Konfettikanonen zurückgenommen ...

───────

Zugegeben, der Typ, der Scott am liebsten von der Bühne gezerrt hätte, war ich. Und ich hab es tatsächlich nur gut gemeint!

TODD

───────

Ich dankte Todd für seinen Rat, ging auf die Bühne und entfesselte den wahrscheinlich spektakulärsten Konfettiregen, den die Welt je in einer geschlossenen Halle gesehen hat. Es war ein zwölfminütiges Dauerfeuerwerk. Man konnte förmlich darin eintauchen. Selbst sonst extrem zurückhaltende Leute badeten regelrecht in Konfetti und warfen es voller Begeisterung in die Luft.

Natürlich ging es mir nicht wirklich um Konfetti, sondern um Emotion. Es war eine genau geplante, sorgfältig inszenierte Aktion, um die beeindruckende Reichweite und den positiven Einfluss unserer Marke greifbar zu machen. Alle sollten hautnah erleben, dass wir die Herzen von *37 Millionen Menschen* erreicht hatten.

Nachdem der letzte Schnipsel zu Boden geschwebt war, erläuterte ich das »Warum« hinter dem »Was«. Ich bat alle Anwesenden, sich einen Kunden vorzustellen, von dem sie wussten, dass die 7 *Wege* ihn positiv beeinflusst hatten. Jeder sollte sich diese Person, diesen Unternehmer, diese Führungskraft oder diesen Mitarbeiter im Geiste vor Augen halten. Anschließend sollten sie als Symbol für diese Person ein Stück Konfetti auflesen und es in ihrer Geldbörse, ihrer Brieftasche oder ihrem Terminkalender aufbewahren. Jedes Mal, wenn ihr Blick darauf fiel, sollte das Konfetti sie an unsere Mission und unsere Wirkung erinnern.

Nach dem Kongress bekam ich von FranklinCovey-Kollegen aus aller Welt Textnachrichten und E-Mails mit Fotos von Konfettischnipseln, die aus ihren Taschen fielen. Die kunterbunten Schnipsel tauchten auch Wochen nach der Aktion in Koffern, in Kleidungsstücken oder Unterlagen wieder auf. Sie nahmen schier kein Ende. Ist das nicht ein wunderbares Bild für unsere Wirkung? Eine Präsentationsform mit einer längeren Haltbarkeitsdauer und einem nachhaltigeren Effekt hätte ich mir gar nicht ausdenken können.

— — — — — — —

Ich fand nach meiner Rückkehr nach Stockholm noch Konfetti in meinem Schuh!

VICTORIA

— — — — — — —

Und auch jetzt noch, zehn Jahre später, sind die Konfettischnipsel immer präsent. Egal ob in Japan, China, Brasilien, Portugal, Mexiko oder sonst wo auf der Welt: Wenn ich irgendeins unserer Büros besuche, kommen immer sofort einige Mitarbeiter auf mich zu. Sie zücken ihre Brieftasche und zeigen mir ein ziemlich mitgenommenes Stück Konfetti. Mit einem Lächeln im Gesicht erzählen sie mir, wie wichtig und unvergesslich die Konfetti-Botschaft für sie ist. Was mich besonders freut: Sie bewahren diese Erinnerungsstücke aus eigenem Antrieb auf!

Nicht jeder kann 14 riesige Konfetti-Kanonen aufbieten. Aber das ist völlig okay. Große Feiern müssen nicht unbedingt ins Geld gehen. Überleg einfach gemeinsam mit deinem Team, wie ihr eure Erfolge in Zukunft feiern könnt. Es lohnt sich: Lob, Anerkennung, Wertschätzung und kreative Überraschungen können eine über Jahrzehnte anhaltende Wirkung erzielen.

Viele scheuen sich, Erfolge zu feiern. Sie denken, das wäre ein Zeichen von Überheblichkeit und Selbstgefälligkeit. Natürlich feiern wir bei FranklinCovey auch nicht *alles*. Dann würde es am Ende nichts mehr bedeuten. Aber ich bin überzeugt: Wenn du gemeinsam mit deinem Team alles dafür getan hast, ein Ziel zu erreichen, dann solltet ihr das auch gebührend feiern. Denn wir alle wünschen uns, dass uns die Arbeit auch Spaß, Freude und Wertschätzung bringt.

Erkenntnisse und nächste Schritte

Denk bitte noch mal genau über alles nach, was wir zur 3. Methode besprochen haben. Schreib anschließend auf, was für dich am interessantesten und am wichtigsten ist:

_____

_____

_____

_____

_____

Notier dir zwei oder drei Dinge, die du umsetzen willst. Halt auch gleich fest, wann genau du damit beginnen wirst:

_____

_____

_____

_____

_____

_____

4. Methode
Schaffe eine Feedback-Kultur

Während meiner College-Zeit jobbte ich als Kellner – und ich bekam das meiste Trinkgeld von den Gästen. Wie ich das geschafft habe? Ich habe mir überlegt, wie ich den schnellsten Service im ganzen Lokal bieten konnte. Glücklicherweise hatte ich immer schon ein gutes Gedächtnis. Deshalb ließ ich mir einfach die Bestellungen an meinen Tischen sagen, ohne mir Notizen zu machen. Anschließend spurtete ich in die Küche und erklärte den Köchen, was ich alles brauchte. So war ich wesentlich flotter als alle anderen Kellner. Das Ergebnis? Während die übrigen Gäste noch auf ihre Suppe warteten, waren meine Tische längst beim Nachtisch angekommen. Im Restaurantgewerbe ist der Gästedurchsatz alles. So kurbelte ich den Umsatz im Lokal gewaltig an. Und: Meine Kunden waren begeistert von den kurzen Wartezeiten. Daran ließ das Trinkgeld, das sie mir gaben, keinen Zweifel. Dennoch hatte die Sache einen Haken: Jedes Mal, wenn ich aus der Küche kam, hinterließ ich dort ein großes Chaos.

Eines Tages wurde ein Freund und Kollege zum Restaurantleiter befördert. Am Vortag hatte er noch gemeinsam mit uns anderen Kellnern Fettuccine Alfredo zu den Tischen gebracht – und jetzt war er plötzlich unser Boss.

Der erste Punkt auf seiner To-Do-Liste als Vorgesetzter war, meinem Küchen-Chaos ein Ende zu setzen. Ich habe noch heute ein flaues Gefühl im Magen, wenn ich an unser Gespräch denke. Nachdem der letzte Gast gegangen war, bat er mich zu sich an den Tisch und sagte: »Scott, deine Teamarbeit muss deutlich besser werden.« Dann nahm er eine Karteikarte. Dort notierte er noch einmal Wort für Wort, was er mir gerade gesagt hatte. Dann drückte er mir die Karte in die Hand.

Ich war geschockt und dachte: »Für wen zum Teufel hältst du dich?

Vor drei Tagen warst du noch mein Kumpel und jetzt willst du eine ›deutliche‹ Verbesserung sehen?«

Hast du auch schon mal ein nicht so tolles Feedback bekommen? Kannst du dich noch genau an diesen *einen Augenblick* erinnern? Manchmal kann Feedback regelrecht traumatisch sein – sowohl für den Geber als auch für den Empfänger. Und doch schrieb Dr. Stephen R. Covey: »Eines der größten Geschenke, das du einem anderen Menschen machen kannst, ist, ihm konstruktives Feedback zu geben. Nur so erfährt er von einem blinden Fleck, von dem er bisher gar nichts wusste. Du tust ihm keinen Gefallen, wenn du nicht aussprichst, was eigentlich gesagt werden müsste, weil es dir unangenehm ist. Sei fürsorglich genug, ehrliches Feedback zu geben.«

Heute bin ich froh, dass mein Restaurantleiter den Mut hatte, mir gegenüber aufrichtig zu sein. Er hatte wirklich gute Absichten. Allerdings war die Sache mit der Karteikarte schon ziemlich hart. Das Wissen aus diesem Kapitel hätte ihm sicher ihm geholfen, nicht nur ehrliches, sondern auch einfühlsames Feedback zu geben.

Feedback ist keine nette Zutat. Wenn du als Führungskraft effektiv sein willst, sollte das Thema Feedback ganz oben auf deiner Liste stehen. Wir glauben sogar, dass du dich nur dann mit Fug und Recht als Führungskraft bezeichnen kannst, wenn du deine Komfortzone verlässt und deinen Leuten aufrichtiges Feedback zukommen lässt.

Wenn du anderen Feedback gibst, musst du die richtige Mischung aus Mut und Rücksicht finden. Aber Achtung: Das ist leichter gesagt als getan. Die meisten Vorgesetzten schaffen diesen Balanceakt nicht. Im Führungsalltag sieht man häufig zwei Extreme:

- **Zu viel Mut**
Diese Vorgesetzten haben kein Problem damit, jedem klipp und klar zu sagen, was sie denken. Auch ich gehöre dazu. Ich gebe eher zu viel Feedback – manchmal leider auch zu schroff.
- **Zu viel Rücksicht**
Diesen Führungskräften macht allein der Gedanke, anderen offenes Feedback zu geben, Bauchschmerzen. Sie drücken sich davor, unangenehme Wahrheiten auszusprechen. Doch so werden die Probleme nicht kleiner, sondern größer.

Weder das eine noch das andere Extrem hilft den Mitarbeitern weiter. Was passiert, wenn du zu viel Mut und zu wenig Rücksicht an den Tag legst? Dann besteht die Gefahr, dass das Selbstvertrauen deines Mitarbeiters leidet. Führungskräfte, die zu forsch und mutig sind, wollen niemanden verletzen. Aber sie sind brutal ehrlich und überschreiten dabei oft Grenzen. Am Ende überlassen sie es dem anderen, wie er mit dem Feedback klarkommt.

Als Führungskraft zu viel Rücksicht und zu wenig Mut zu zeigen, ist jedoch auch keine Lösung. Letztlich lässt du deine Leute so mit ihren Problemen allein. Wenn du kein oder nur oberflächliches Feedback gibst, verstärkst du die Schwächen deiner Mitarbeiter. Sie laufen dann immer wieder in dieselben Fallen. So haben sie kaum Chancen, sich weiterzuentwickeln und ihre Leistung zu verbessern. Im schlimmsten Fall nehmen deine Mitarbeiter dich als Führungskraft nicht mehr ernst. Sie rechnen es dir als Schwäche an, dass du ihre Schwierigkeiten und Herausforderungen scheinbar nicht zur Kenntnis nimmst. Nach und nach verlieren sie ihr Vertrauen in dich und deine Fähigkeiten.

— — — — — — —

Meiner Erfahrung nach hängen Mut und Rücksicht von der Situation und der Beziehung ab. Wie lange ist jemand schon in meinem Team? Wo steht diese Person im Leben? Ist sie offen für Feedback oder blockt sie ab? Fühlt es sich irgendwie seltsam an, diesem Mitarbeiter Feedback zu geben, weil er älter und erfahrener ist als ich? Bei manchen Mitarbeitern fällt es mir schwerer, Feedback zu geben. Andere dagegen sind empfänglicher für Coaching.

Und wie sieht es bei dir aus? Tendierst du eher zum Mut oder zur Rücksicht? Hängt das von der Beziehung und der Situation ab? Letztendlich ist es eine Frage der Balance – und der Übung. Im Idealfall zeigst du in allen Lebenslagen viel Mut und viel Rücksicht.

VICTORIA

— — — — — — —

Mut oder Rücksicht? Das ist immer auch eine Frage der persönlichen Veranlagung. Als Führungskraft solltest du dich jedoch grundsätzlich um die richtige Balance bemühen.

Übliche Denkweise	Effektive Denkweise
Mein Feedback zielt darauf ab, die Probleme meiner Leute zu lösen.	Ich gebe *und* bekomme Feedback – zum Nutzen des gesamten Teams.

Meist sieht die übliche Denkweise von Führungskräften wie folgt aus: Sie verstehen sich als »Problemlöser«. Sobald jemand aus dem Team ein Problem hat, greifen sie ein. Sie geben Feedback, um dem Mitarbeiter aufzuzeigen, was er alles falsch macht. Bei der effektiven Denkweise sieht das völlig anders aus. Hier soll das Potenzial aller Beteiligten freigesetzt werden. Ganz wichtig: Dabei geht es auch um dein eigenes Potenzial. Deshalb solltest du deine Mitarbeiter bitten, dir regelmäßig Feedback zu geben.

Wenn du deinen Mitarbeitern effektives Feedback geben willst, müssen sie spüren, dass du ihnen bei der Weiterentwicklung ihrer Fähigkeiten und Talente helfen willst. Sie müssen sich bei dir sicher fühlen. Natürlich geschieht das nicht über Nacht. Vielmehr musst du dir einen Vorrat an Vertrauen aufbauen.

Als Vorgesetzter gibst du Feedback, um deinen Mitarbeitern die Augen für Dinge zu öffnen, die sie nicht von sich aus sehen. Denn die meisten Menschen haben kein besonders zutreffendes Bild von sich selbst. Bei mir ist das auf jeden Fall so – vielleicht ja auch bei dir?

Ob Mitarbeiter oder Vorgesetzter: Wir alle haben unsere blinden Flecken. Deshalb solltest du unbedingt über deinen Schatten springen und deine Mitarbeiter um ihr Feedback zu deiner Person bitten. Wenn du in Sachen Feedback mit gutem Beispiel vorangehst, hilft dir das, dich zu verbessern. Zudem zeigst du deinen Leuten so, dass ihr Feedback gewünscht und geschätzt wird. Das gibt ihnen die Sicherheit, ihre Meinung offen auszusprechen.

Je nach persönlicher Erfahrung haben wir alle ein unterschiedliches Verhältnis zum Thema Feedback. Dennoch ist ehrliches, einfühlsames Feedback für jeden von uns ein Gewinn. Das gilt für den Berufsanfänger genauso wie für den erfahrenen Mitarbeiter kurz vor dem Renteneintritt. Mit etwas Übung kommst du an den Punkt, an dem in deinem Team konstruktive, von guter Absicht getragene Gedanken frei in beide Richtungen fließen. Jeder fühlt sich gehört und respektiert, so dass die Motivation und die Produktivität immer weiter zunehmen.

1. Fähigkeit: Bestärkendes Feedback geben

Jeder wünscht sich Wertschätzung. Diese Wertschätzung kannst du zum Ausdruck bringen, indem du bestärkendes Feedback gibst. Bestärkendes Feedback sollte niemals oberflächlich und floskelhaft erscheinen. Um das zu vermeiden, hilft dir die folgende Frage: »Bestärke ich die richtigen Mitarbeiter zur richtigen Zeit im richtigen Verhalten?«

Ich spreche ganz bewusst von »bestärkendem Feedback« und nicht von »positivem Feedback«. Denn hier geht es nicht um ein simples Schulterklopfen nach dem Motto: »Du machst das echt toll! Nur weiter so! Du bist der Beste!« Natürlich ist diese Art von Feedback auch ermutigend. Aber es enthält keine konkreten Informationen zu dem, was der andere gut gemacht hat. So hat er keine Chance, dein Feedback zu nutzen, um seine Talente und Fähigkeiten gezielt weiterzuentwickeln.

Mit bestärkendem Feedback kannst du viel erreichen:

- Du zeigst deinem Mitarbeiter, dass er gut mit einem Problem umgeht, und ermunterst ihn genauso weiterzumachen: »Super, dass du die Verwaltung der Kundendaten komplett neu aufgestellt hast. Das macht uns allen die Arbeit einfacher. Bitte gib mir Bescheid, falls du noch weiteres Verbesserungspotenzial entdeckst.«
- Du steigerst das Selbstvertrauen deines Mitarbeiters, indem du ihn darin bestärkst, an die Grenzen seiner Fähigkeiten zu gehen oder sich auf unbekanntes Terrain zu wagen: »Ich weiß, dass du zuerst nicht sicher warst, ob du das Zulagen-Projekt stemmen kannst. Ich möchte, dass du weißt, wie sehr mich deine Fähigkeit beeindruckt, Antworten zu finden und dich in völlig neue Themen einzuarbeiten.«
- Du zeigst deinem Mitarbeiter, dass seine Leistung geschätzt und nicht einfach als selbstverständlich abgestempelt wird: »Bevor wir über deine nächsten Aufgaben sprechen, möchte ich dir noch etwas ganz Wichtiges sagen. Dein Einsatz für dein letztes Projekt war extrem hoch. Das ist nicht selbstverständlich – und ich weiß das sehr zu schätzen!«
- Du spiegelst deinem Mitarbeiter seine Fortschritte: »Natürlich ist das Projekt ganz neu für dich. Ich verstehe, dass sich das für dich gerade nicht so gut anfühlt. Aber das, was ich bisher gesehen

habe, macht Mut. Ich bin zuversichtlich, dass du auf dem richtigen Weg bist und am Ende auch erfolgreich ans Ziel kommst.«
- Du hilfst einem Neuzugang im Team, sich willkommen und geschätzt zu fühlen: »In den wenigen Wochen, die du jetzt bei uns bist, hast du uns alle mit deinen Fortschritten beeindruckt. Deine Art, Dinge konstruktiv auf den Prüfstand zu stellen, hat uns sehr geholfen. Wir haben schon erste Strukturen und Prozesse überdacht und überarbeitet.«
- Du bestärkst einen Mitarbeiter in einer Fähigkeit, von der er vielleicht gar nicht wusste, dass er sie hat: »Es ist toll, wie freundlich und offen du auf unsere Kunden zugehst. Du gibst ihnen das Gefühl, bei uns im Laden herzlich willkommen zu sein.«

GUT ZU WISSEN! (?)

Weg mit dem Feedback-Sandwich

Als Führungskräfte sind wir darauf trainiert, auf die Dinge zu zeigen, die nicht richtig laufen. Wenn etwas nicht passt, wollen wir es sofort korrigieren. Positives Feedback nutzen wir oft nur, um negative Punkte »elegant« zu verpacken. Das Ganze ähnelt dann einem Sandwich. Erst kommt eine Schicht mit positivem Feedback. Dann folgt eine dicke Schicht mit negativem Feedback. Und obendrauf gibt's dann nochmal eine dicke Schicht mit positivem Feedback.

Viele Manager nutzen bestärkendes Feedback vor allem, um Mitarbeiter aufzumuntern und eine gute Atmosphäre zu schaffen. Dabei ist bestärkendes Feedback weit mehr als eine freundliche Geste. Es ist das entscheidende Instrument, um deinen Mitarbeitern zu helfen, sich weiterzuentwickeln.

TODD

Die beiden Psychologen Marcial Losada und Emily Heaphy haben versucht, das Geheimnis besonders leistungsfähiger Teams zu entschlüsseln. Das Ergebnis? Ein wesentlicher Erfolgsfaktor ist bestärkendes Feedback.[6] Oder anders gesagt: Bestärkendes Feedback ist eine leistungssteigernde Substanz, die man ganz ohne Rezept bekommt und die noch dazu nichts kostet.

> **GUT ZU WISSEN!** (?)
>
> **Sei nicht stumm**
>
> *Als ich gemeinsam mit einer Freundin beim Einkaufen im Supermarkt war, meinte sie: »Sobald wir nach einem Artikel greifen, sagen wir dem Supermarkt klar und deutlich, was er nachbestellen soll.«*
> *Ich versuche, bestärkendes Feedback genauso zu sehen: Sei nicht stumm. Sag deinem Team klar und deutlich, welches Verhalten du gerne sehen willst. Wenn du das nächste Mal jemanden von deinen Leuten dabei beobachtest, wie er etwas richtig macht, denk nicht nur still und leise: »Ja, endlich klappt es!« Sag deinem Mitarbeiter sofort oder im nächsten 1-zu-1-Gespräch, was du beobachtet hast und warum du das gut findest.*
>
> VICTORIA

So gibst du bestärkendes Feedback

Studien zeigen: Die meisten Führungskräfte sind überzeugt, dass sie ihren Mitarbeitern ausreichend bestärkendes Feedback geben. Doch die Mitarbeiter sehen das häufig anders. Sie denken, dass sie viel zu wenig bestärkendes Feedback von ihren Vorgesetzen bekommen. Und wie sieht es bei dir aus? Die folgenden Tipps helfen dir, deinen Mitarbeitern bestärkendes Feedback zu geben:

Finde heraus, wie deine Mitarbeiter am liebsten Feedback bekommen. Lob ist wie Champagner: prickelnd und wunderbar. Aber wenn du zu viel Champagner auf leeren Magen trinkst, wirst du es bereuen. Was ich damit sagen will? Entwickle ein Gespür dafür, wie deine Mitarbeiter am liebsten bestärkendes Feedback bekommen. Manche bevorzugen eine Mail, andere das 1-zu-1-Gespräch. Dem einen ist öffentliches Lob eher unangenehm, während der andere sich freut, wenn seine Leistungen vor dem ganzen Team herausgestellt werden. Hier gibt es kein Richtig oder Falsch. Richte dich einfach nach den Wünschen deiner Mitarbeiter. Denk bitte nicht, dass alle die gleichen Präferenzen haben wie du selbst. Und: Wenn du bemerkst, dass einige Mitarbeiter bestärkendes Feedback besonders freut und motiviert, dann gib ihnen ruhig öfter welches. Bestärkendes Feedback hat vor allem ein Ziel: Positive Verhaltensweisen zu fördern und fest in der Teamkultur zu verankern.

Lobe bestimmte Verhaltensweisen und betone ihre positiven Auswirkungen. Ein einfaches »Gut gemacht!« ist zu wenig. Erklär deinen Mitarbeitern genau, was sie richtig gemacht haben. Nur so wissen sie, welche Verhaltensweisen sie beibehalten und noch weiter ausbauen sollen. Bestärkendes Feedback ist noch effektiver, wenn du die Wirkung des Verhaltens genau beschreibst. Hier ein kleines Beispiel: »Der Bericht, den du erstellt hast, ist erstklassig. Du hast Daten aus allen sieben Abteilungen ausgewertet. So sieht man genau, wie wir künftig noch besser zusammenarbeiten und dadurch Kosten sparen können.«

Verknüpfe das Verhalten mit den Zielen deiner Mitarbeiter. Während deiner regelmäßigen 1-zu-1-Gespräche solltest du unbedingt in Erfahrung bringen, was deine Mitarbeiter innerlich motiviert. Zudem solltest du eine Vorstellung davon gewinnen, wie sie sich langfristig weiterentwickeln wollen. Hast du das herausgefunden? Dann erklär deinen Leuten, wie ihre gute Arbeit ihnen hilft, ihre Ziele zu erreichen. Träumt einer deiner Mitarbeiter von einer Beförderung? Dann erläutere ihm die Verbindung zwischen seinem Verhalten und seinen Karrierezielen – zum Beispiel so: »Du hast als Mentor unseres neuen Teammitglieds viel Geduld an den Tag gelegt. Ich kann sehen, dass du intensiv an deinen Führungsfähigkeiten gearbeitet hast.«

Achte sorgfältig auf die Reaktionen deiner Mitarbeiter. Manchen Menschen ist es fast schon peinlich, wenn sie gelobt werden. Andere dagegen wünschen sich oft und häufig bestärkendes Feedback. Achte also darauf, wie deine Mitarbeiter auf dein Feedback reagieren:

- **Der Mitarbeiter akzeptiert das Lob:** »Danke, ich habe viel Zeit investiert, um meine Präsentation so kurz und aussagekräftig wie möglich zu machen. Es freut mich, dass das positiv wahrgenommen wurde.« Damit signalisiert der Mitarbeiter, dass er weiß, welchem konkreten Verhalten das Lob gilt. Zudem gibt er zu erkennen, dass ihm klar ist, welche Wirkung dieses Verhalten hat.
- **Der Mitarbeiter reicht das Lob weiter:** »Es war eigentlich Karls Idee, das Skript nochmal umzuschreiben.« Der Mitarbeiter hat Schwierigkeiten, das Lob anzunehmen. Hilf ihm dabei, das zu ändern. Nimm den Verweis auf den Beitrag von dritter Seite freundlich zur Kenntnis. Stell dann deutlich heraus, was von dem Mitarbeiter selbst kam und wie wichtig sein Beitrag ist. Mach dem Mitarbeiter klar, dass es absolut okay ist, Lob anzunehmen.
- **Der Mitarbeiter weist das Lob von sich:** »Es ist ein Wunder, dass das Projekt nicht in einer kompletten Katastrophe geendet ist.« Das könnte auf ein tieferes Problem hindeuten. Stell offene Fragen, um Unsicherheiten und Schwierigkeiten ans Licht zu holen.

GUT ZU WISSEN! ⓘ

Kulturelle Unterschiede im Blick behalten

In welcher Form jemand am ehesten Lob akzeptiert, kann auch von seiner kulturellen Herkunft abhängen. In manchen Ländern wirkt es wie Prahlerei, wenn jemand positives Feedback ohne Widerrede annimmt. Ein Schwede beispielsweise wird versuchen, Lob weiterzureichen, um nicht arrogant zu erscheinen. Natürlich solltest du ihm dennoch dein Lob aussprechen, diesen Punkt aber bei der Einschätzung seiner Reaktion im Blick behalten.

VICTORIA

Denk auch an die Mitarbeiter, die du nur selten persönlich siehst: Hast du Mitarbeiter, die du nur selten persönlich triffst, weil sie beispielsweise vom Home Office aus arbeiten? Kann es sein, dass diese Mitarbeiter eher wenig Feedback erhalten? Dann solltest du ihre gute Arbeit in Zukunft besonders würdigen. Oft ist Lob für sie noch wichtiger als für dein Team vor Ort. Vielleicht kannst du bestärkendes Feedback auch in einer Rund-Mail verschicken. Dann sehen die Telearbeiter, dass ihre Leistung von allen gesehen und geschätzt wird. Kurzum: Achte darauf, dass sich alle Mitarbeiter auch wirklich als Mitglieder deines Teams sehen.

Bestärkendes Feedback zu geben, gehört zu den angenehmen Pflichten einer Führungskraft. Lass dir diese Chance nicht entgehen und bring die Champagnerkorken zum Knallen.

― ― ― ― ― ― ―

Eine Kollegin von uns leistet in ihrem Home Office hervorragende Arbeit. Allerdings fühlte sie sich ziemlich abgekoppelt vom Rest des Teams. Die Teamleiter wussten viel weniger von ihr als von den Mitarbeitern, die sie regelmäßig zu Gesicht bekommen. Als ich davon erfuhr, wandte ich mich an ihre Vorgesetzten. Ich fragte sie gezielt nach dieser Mitarbeiterin. Mich interessierte vor allem, was sie gut machte, wo sie noch besser werden konnte und wo sie sich mehr Unterstützung wünschte. Mit meiner Intervention habe ich anscheinend einen starken Eindruck bei den Teamleitern hinterlassen. Mehrere riefen die Mitarbeiterin umgehend an und überschütteten sie mit bestärkendem Feedback. Das war gut gemeint, kam aber so unvermittelt, dass sie mir eine Textnachricht schickte: »Ich habe seit zwei Jahren kein Lob bekommen. Jetzt hagelt es seit vier Tagen Komplimente. Was ist da los?« Das war eine wertvolle Lernerfahrung. Es hat uns allen gezeigt, wie wichtig regelmäßiges bestärkendes Feedback ist.

TODD

― ― ― ― ― ― ―

2. Fähigkeit: Korrigierendes Feedback geben

Während meiner Zeit bei Disney hatte ich einen Vorgesetzten, der seinen Mitarbeitern aus Prinzip nicht sagte, was er über ihre Arbeit dachte. Es war frustrierend ... geradezu lähmend. Ich weiß noch, wie ich fast jede Nacht wach lag und mich fragte, ob ich am nächsten Tag meine Kündigung bekommen würde.

Nach dieser Erfahrung beschloss ich, meine Mitarbeiter niemals im Dunkeln tappen zu lassen. Ich wollte ihnen immer offen sagen, was ich dachte. Leider habe ich das dann ein bisschen übertrieben. Während meiner ersten Jahre als Manager war unverblümtes Feedback fester Bestandteil meiner Führungspraxis: »Du musst lernen, den Mund aufzumachen. Du musst dich um deine Rechtschreibung kümmern. Du musst an deinem Auftreten arbeiten.« Ich gab jedem Mitarbeiter auf dieselbe Art und Weise Feedback – ohne Rücksicht auf ihre jeweilige Persönlichkeit, ihre Vorlieben oder ihre Erfahrung. Wie ich schon sagte: Ich war in Sachen Feedback sehr mutig, aber nicht gerade rücksichtsvoll. Doch inzwischen habe ich gelernt, mein Feedback rücksichtsvoller und respektvoller zu übermitteln.

Korrigierendes Feedback wurde in der Vergangenheit gerne als Kritik oder negatives Feedback bezeichnet. Doch diese Begriffe sind extrem vorbelastet. Sie wecken alle möglichen Gedanken, die einem Mitarbeiter den Schweiß auf Stirn treiben können: »Ich bin nicht gut genug. Ich enttäusche meine Kollegen. Ich bin eine Niete. Mein Job ist in Gefahr.«

Häufig kommt korrigierendes Feedback lediglich während der jährlichen Mitarbeitergespräche zum Einsatz. Doch so haben die Mitarbeiter im Jahresverlauf nicht die Chance, von korrigierendem Feedback zu profitieren. Deshalb solltest du deinen Leuten öfter Feedback geben. Als Faustregel gilt: Führe regelmäßig Feedback-Gespräche, aber nicht so oft, dass du den Mitarbeiter damit erstickst.

Korrigierendes Feedback signalisiert dem Mitarbeiter, dass er mit der richtigen Anleitung und Unterstützung mehr leisten kann. Es dient dazu, ihm verständlich zu machen, dass eine Verhaltensweise oder ein Ergebnis nicht optimal ist. Zudem zeigt es, dass du daran glaubst, dass eine Verbesserung möglich ist. Dennoch berichten Führungskräfte aller Ebenen, dass korrigierendes Feedback für sie zum Härtesten und Stressigsten gehört, was ihr Job zu bieten hat. Das kommt nicht von ungefähr. Wenn korrigierendes Feedback nicht richtig übermittelt wird, kann das fatale Folgen haben. Im schlimmsten Fall setzt du so deine Beziehung zu einem Mitarbeiter aufs Spiel und machst jeden weiteren Fortschritt zunichte.

Das heißt aber nicht, dass du korrigierendes Feedback verschleiern, verdrehen oder ganz vermeiden solltest. Vielleicht denkst du jetzt: »Das korrigierende Feedback bringt ja doch nichts. Dieser Mitarbeiter wird sich nie ändern!« Dennoch solltest du ihm die Chance dazu geben. Schließlich lernen wir alle durch unsere Fehler. Und wer weiß, vielleicht überrascht dich dieser Mitarbeiter ja auch positiv!

GUT ZU WISSEN! (?)

Wann ist schriftliches Feedback hilfreich?

Nutze keine Textnachrichten, um einem Mitarbeiter ein schwieriges Feedback zu vermitteln, nur weil du es ihm nicht direkt sagen willst. In anderen Fällen kann es durchaus angebracht sein, Feedback per Textnachricht oder per E-Mail zu geben. Das ist beispielsweise hilfreich, wenn dein Feedback eine impulsive Reaktion hervorrufen könnte, die persönliche Übermittlung vielleicht nicht richtig verstanden werden könnte oder der Adressat voraussichtlich etwas Zeit brauchen wird, um das Ganze zu verdauen.

Ich hatte einmal einen Mitarbeiter, der wirklich talentiert war. Doch er reagierte sehr impulsiv auf Dinge, die er negativ fand. Da halfen auch die vielen Gespräche nichts, die wir deswegen führten. Also änderte ich meine Strategie. Vor jedem Gespräch überlegte ich, ob es hier um Themen ging, die ihn zum Überkochen bringen könnten. Wenn das der Fall war, schrieb ich ihm am Vorabend eine Mail. Hier sprach ich alle kritischen Punkte an. Dadurch wollte ich ihm Zeit geben, sich im stillen Kämmerlein abzureagieren, bevor wir uns von Angesicht zu Angesicht trafen. Das war für mich ein ungewohntes Vorgehen. Doch in diesem Fall hat es sehr gut funktioniert.

TODD

So übermittelst du korrigierendes Feedback

Überleg dir, ob du Feedback geben willst. Hier sind ein paar Situationen, in denen korrigierendes Feedback zweifellos angebracht ist:

- Wenn das Verhalten eines Mitarbeiters klar gegen die Regeln verstößt oder negative Folgen hat.
- Wenn du wenig Chancen siehst, dass der Mitarbeiter sein Verhalten von sich aus ändern wird.
- Wenn bestärkendes Feedback und beispielhaftes Vorleben nichts gebracht haben.
- Wenn der Mitarbeiter aufrichtig an korrigierendem Feedback interessiert ist.
- Wenn das Verhalten des Mitarbeiters die Leistung und die Arbeitsmoral des Teams negativ beeinflusst.
- Wenn das Verhalten absolut untragbar ist, die Sicherheit der anderen Mitarbeiter gefährdet oder das Unternehmen schädigt. (Achtung: Dieser Punkt sprengt den Rahmen dieses Kapitels. In solchen Fällen solltest du dich mit der Personalabteilung abstimmen.)

———————

Ich war noch ziemlich neu in meiner Rolle als Führungskraft. Da bat mich eine Kollegin, ihr bei einem Verkaufsgespräch zuzuhören. Anschließend sollte ich ihr sagen, was sie besser machen könnte. Voller Elan machte ich mich ans Werk. Ich notierte jedes noch so kleine Detail, das mir auffiel. Nach dem Gespräch gab ich ihr dann eine Liste mit allen Punkten, die ich notiert hatte. Die Liste war sehr lang. Es standen über 20 Verbesserungsvorschläge darauf. Meine Kollegin war am Boden zerstört – und bat mich nie wieder um Feedback.

Ohne es zu wollen, vermieste ich ihr den Tag. Doch dabei lernte ich gleich drei wichtige Dinge. Erstens: Konzentriere dich auf die Punkte, die der andere tatsächlich ändern kann. Sprich aber nicht alle an, sondern wähl die wichtigsten aus. Zweitens: Ob Vorgesetzter, Kollege oder Mitarbeiter – stell dich auf die Person ein, der du Feedback geben willst. Drittens: Wenn du einen blinden Fleck ansprichst, nimm dir ausreichend Zeit und nenn konkrete Beispiele, damit der andere versteht, was du genau meinst.

VICTORIA

Falls du jemanden bittest, mehr als eine oder zwei Verhaltensweisen gleichzeitig zu ändern, kannst du ihn damit schnell überfordern. Der andere mag noch so offen für Verbesserungsvorschläge sein, wenn du zu viele Erwartungen auf einmal äußerst, kann das ziemlich demotivierend wirken. Darüber hinaus kann es auch noch den Eindruck vermitteln, als hättest du was gegen den anderen.

Als Führungskraft solltest du dir gut überlegen, ob du jemanden wirklich hart angehst. Achte darauf, dass der andere nicht denkt, dass er alles falsch macht. Damit ist niemandem geholfen. Bist du nicht sicher, ob du ein Thema ansprechen sollst oder nicht? Dann stell dir folgende Fragen:

- *Ist der Schaden, den ich anrichte, wenn ich diesen Punkt anspreche, am Ende vielleicht größer als der Nutzen?* Das Chaos auf dem Schreibtisch des Mitarbeiters ist dir ein Graus. Aber allem Anschein nach hat es keinen Einfluss auf seine Ergebnisse. Dann solltest du vielleicht einfach darüber hinwegsehen und dich auf wichtigere Fragen konzentrieren.
- *Habe ich genug getan, um ein gutes Vertrauensverhältnis zwischen mir und dem Mitarbeiter zu schaffen?* Diese Frage ist besonders wichtig, wenn eure Zusammenarbeit noch nicht lange besteht. Dann solltest du nichts überstürzen. Warte mit deinem korrigierenden Feedback. Zeig dem anderen erst, dass du sein Bestes im Sinn hast und ihm helfen willst.
- *Ist das negative Verhalten eine Reaktion auf mich in meiner Eigenschaft als Vorgesetzter?* Einer meiner Mitarbeiter griff immer, wenn ihn in einer Besprechung etwas irritierte, zum nächstbesten Stift und kritzelte irgendwas vor sich hin. Er machte damit deutlich, dass er nicht in die Sache, über die wir gerade diskutierten, hineingezogen werden wollte. Ich wollte ihm schon Feedback dazu geben. Doch dann wurde mir bewusst, dass er sich meist ausklinkte, nachdem *ich* etwas gesagt oder getan hatte. Deshalb gab ich ihm in den Meetings mehr Raum – und sein Verhalten änderte sich. Natürlich muss das nicht immer so sein. Aber falls sich ein Mitarbeiter in Besprechungen nicht einbringt, könntest du überlegen, ob du selbst zu viel redest. Vielleicht hast du beim letzten Mal, als er etwas sagte, auch unwirsch reagiert oder ihm das Wort abgeschnitten? Wenn ja, dann solltest du mit dem korrigierenden Feedback noch abwarten und zunächst dein eigenes Verhalten ändern.

- *Ist bestärkendes Feedback die bessere Lösung?* Verhält sich der Mitarbeiter gelegentlich richtig? Dann könntest du ihm in diesen Fällen bestärkendes Feedback geben. Richte deinen Blick auf das, was er gut macht. Bestärke ihn in seinem positiven Verhalten.
- *Reicht es vielleicht, wenn ich das richtige Verhalten vorlebe?* Willst du, dass deine Mitarbeiter pünktlich zu Besprechungen erscheinen und ihre Mobiltelefone weglegen? Dann geh mit gutem Beispiel voran! Wenn das die Kultur ist, die du dir wünschst, solltest du sie deinem Team vorleben.
- *Ist die Person emotional auf das Feedback vorbereitet?* Wenn der Mitarbeiter unter Hochspannung steht oder viel Stress hat, solltest du nichts überstürzen. Wenn es möglich ist, dann warte besser einen günstigeren Augenblick ab.
- *Ist das Verhalten wirklich falsch oder unterscheidet es sich lediglich von meinem eigenen Vorgehen?* Liefert der Mitarbeiter regelmäßig die gewünschten Ergebnisse? Warum lässt du ihm dann nicht die Freiheit, seinen eigenen Weg zum Ziel zu gehen?
- *Ist es nichts weiter als meine persönliche Präferenz?* Wie kleidet sich jemand? Trägt er bei der Arbeit gerne Kopfhörer? Mag er Kaugummi? Solange es den Team- und Unternehmensrichtlinien entspricht, solltest du mit Feedback zu subjektiven Themen vorsichtig sein.
- *Rechtfertigen die Folgen des Verhaltens ein korrigierendes Feedback?* Wenn die Auswirkungen minimal sind, könntest du vielleicht darüber hinwegsehen. Manche Vorgesetzte versuchen, alles und jedes zu korrigieren. Doch damit schaffen sie eine erdrückende Arbeitsatmosphäre.

― ― ― ― ― ― ―

Eine Mitarbeiterin in meinem Team war talentiert und immer gut drauf. Es war eine Freude, mit ihr zu arbeiten. Aber sie war sehr unstrukturiert in ihrer Arbeit. Das führte dazu, dass sie häufig in Rückstand war und Termine verpasste. Einmal arbeitete sie an einem Projekt und lieferte es tatsächlich fristgerecht ab. Ich ließ es mir nicht nehmen, sie dafür in einer E-Mail zu beglückwünschen – mit diversen anderen Personen im CC. Tatsächlich hielt sie immer häufiger ihre Termine ein. Und jedes Mal bekam sie von mir und anderen positives Feedback. Natürlich verwandelte sie sich nicht über Nacht in ein Organisationsgenie. Doch es wurde immer besser.

TODD

Bereite dich vor. Bist du zu dem Schluss gekommen, dass ein Verhalten ein korrigierendes Feedback erfordert? Dann solltest du sorgfältig planen, wie, wann und wo du es geben willst. Zudem solltest du dir auch gut überlegen, wie du mit der Reaktion auf dein Feedback umgehen wirst. Aber eins nach dem anderen: Benenne zunächst das konkrete Verhalten, das du beobachtet hast. Erläutere auch, welche Folgen es hatte. Vermeide aber jedes Urteil zum Charakter des Mitarbeiters. Halte dich streng an die Fakten. Versetz dich zudem in die Rolle des Mitarbeiters. Korrigierendes Feedback zu erhalten, ist für ihn ein schwieriger Augenblick. Sei so konkret wie möglich. Und: Denk daran, die richtige Balance zwischen Mut und Rücksicht zu zeigen.

Plane im Voraus, was du sagen willst. So verhinderst du, dass du improvisieren musst und dich womöglich verzettelst. Vermeide leere Floskeln. Sei menschlich und aufrichtig. Du kannst das Feedbackgespräch auch mit einer vertrauten Person durchspielen, die darin vielleicht mehr Erfahrung hat als du. Ein Mitarbeiter, der korrigierendes Feedback von dir erhält, wird möglicherweise jedes Wort dreimal umdrehen und auf verborgene Bedeutungen hin abzusuchen. Drück dich also so klar wie möglich aus. Ich bin immer wieder überrascht, wie genau sich Mitarbeiter noch Jahre später an Dinge erinnern, die ich einmal gesagt habe. Das zeigt: Manchmal kommt es auf jedes Wort an – und manche Worte bleiben ewig haften. Wähle deine Worte also mit Bedacht.

Mir persönlich hilft es sehr, mein Feedback vorher schriftlich festzuhalten. Dann kann ich ...

- *die Klarheit und Genauigkeit meines Feedbacks überprüfen.*
- *testen, wie schroff oder einfühlsam meine Worte klingen.*

- *meine Emotionen von der Situation trennen.*
- *mich auf konkrete Beispiele und ihre Auswirkungen berufen.*
- *sicherstellen, dass sich mein Feedback auf Verhaltensweisen und nicht auf Persönlichkeitsmerkmale bezieht.*

VICTORIA

— — — — — — —

Wenn du deinem Mitarbeiter beiläufig zu verstehen gibst: »Ach übrigens, da gibt es etwas, über das ich morgen mal mit dir reden möchte«, versetzt du ihn unnötig in Unruhe. Den meisten Menschen gehen in so einem Fall 1000 negative Gedanken durch den Kopf. Und: Je mehr Zeit zwischen Ankündigung und Gespräch vergeht, desto mehr Spannung baut sich auf. Halte die Zeitspanne zwischen »Ich möchte mit dir über etwas sprechen« und der tatsächlichen Aussprache also so kurz wie möglich.

Betone zu Beginn des Gesprächs deine guten Absichten. Stell eindeutig klar, dass du dem Mitarbeiter Hilfestellung geben willst – in einer Atmosphäre des Vertrauens. So bist du nicht der Überbringer einer schlechten Nachricht, sondern der Coach, der einem anderen hilft, seine Ziele zu erreichen: »Bevor wir beginnen, möchte ich dir noch etwas sehr Wichtiges sagen. Unser Gespräch hat einen einzigen Zweck: Ich möchte dir helfen, dich in einigen Bereichen zu verbessern, damit du dich weiterentwickeln kannst.«

— — — — — — —

W*er sich kritisiert, angefeindet oder ertappt fühlt, tut sich schwer damit, dem anderen aufmerksam zuzuhören. Deshalb achte ich zu Beginn des Gesprächs darauf, dass mein Mitarbeiter sich nicht in die Enge getrieben fühlt. Ich versuche, das Wort »Feedback« zu vermeiden, weil es die Leute oft verkrampfen lässt. Meist beginne ich wie folgt: »Ich muss dir was sagen. Und ich weiß, wie schnell wir in eine Abwehrhaltung geraten, wenn man uns etwas erzählt, was wir nicht gerne hören. Mir jedenfalls geht es so. Deshalb möchte ich, dass du weißt: Meine Absicht als dein Vorgesetzter ist es einzig und allein, dir zu helfen, dich zu verbessern.«*

Damit signalisiere ich, dass ich mich auf eine Ebene mit dem Mitarbeiter begebe. Er ist weniger defensiv, weil er weiß: »Todd kennt das auch. Ich bin mit meinen Gefühlen nicht allein.« Das ermöglicht es dem Mitarbeiter, mir aufmerksam zuzuhören und meinen Worten auch zu glauben.

TODD

Wenn ich korrigierendes Feedback gebe, kommt es gelegentlich vor, dass der Mitarbeiter mir vorhält, was ich als sein Vorgesetzter alles falsch mache. Wenn ich bereits ahne, dass so etwas passieren könnte, sage ich:»Ich möchte dir heute Feedback geben. Aber ich kann mir vorstellen, dass auch du das eine oder andere hast, das du mir sagen möchtest. Ich bin gern bereit, mir das ein anderes Mal anzuhören. In diesem Gespräch soll es allerdings ausschließlich um das gehen, was ich dir zu sagen habe.«

Frag den Mitarbeiter, wie er selbst die Situation sieht. Du kannst viel Zeit und Energie sparen, wenn du zuerst danach fragst, ob der Mitarbeiter sich schon selbst Gedanken über sein Verhalten gemacht hat. Du könntest zum Beispiel so beginnen:»Wie ist das Kundengespräch letzte Woche aus deiner Sicht gelaufen? Was war deiner Meinung nach gut? Und was könntest du das nächste Mal besser machen?« Damals, als ich als Kellner im Restaurant jobbte, hätte der neue Manager zu mir sagen können:»Hey, Scott, mir ist aufgefallen, wie schnell du deine Tische bedienst. Wie, glaubst du, geht es den Küchenmitarbeitern und den anderen Kellnern damit?« Wenn der Mitarbeiter schon über eine Sache nachgedacht hat, ist es viel einfacher, Feedback zu geben. Und falls nicht? Dann brauchst du mehr Zeit. Erklär genau, was du meinst. Führ auch immer wieder Beispiele an. Pass aber auf, dass der Mitarbeiter das Gespräch nicht an sich reißt. Wenn du diese Gefahr siehst, solltest du deine Frage sehr konkret halten.

Beschreibe das Verhalten, das du beobachtet hast, mitsamt seinen Folgen. Was du sagst, sollte sich für den anderen neutral und werturteilsfrei anhören. Sonst besteht die Gefahr, dass er sich bloßgestellt oder angegriffen fühlt. Bleib sachlich und werde niemals persönlich. Beim korrigierenden Feedback geht es immer um das Verhalten, nicht um den Charakter. Verwende Formulierungen wie:»Mir ist aufgefallen ...« Schildere dann detailliert, welche Folgen das genannte Verhalten hat.

Typische Fehler im Feedback-Gespräch	Was du stattdessen sagen kannst
»Du verhältst dich in den Meetings viel zu passiv.«	»Mir ist aufgefallen, dass du in unseren letzten beiden Meetings kein einziges Mal das Wort ergriffen hast. Ich mache mir Sorgen, dass uns so wichtige Informationen im Hinblick auf den Produktstart entgehen.«
»Du reagierst viel zu impulsiv.«	»Mir ist aufgefallen, dass du im Gespräch mit der Kundin laut geworden und ihr ins Wort gefallen bist. Ich mache mir Sorgen, dass das deinem guten Ruf schaden könnte und wir diese Kundin verlieren.«

− − − − − − −

Ich hatte einen Mitarbeiter, der wiederholt das Feedback bekam, dass andere nicht gerne mit ihm zusammenarbeiteten. Das war für sich genommen schon eine harte Sache. Noch schlimmer war aber, dass er nicht wusste, was er dagegen tun konnte. Niemand sagte ihm, an welchen Verhaltensweisen er arbeiten konnte.

Als wir uns näher mit dem Problem befassten, konnte ich ihm einige simple Tipps geben. Beispielsweise ging es darum, E-Mails mit einer freundlichen Begrüßung zu beginnen und nicht sofort mit einer Bitte vorzupreschen. Er dachte, dass er damit nur die Zeit der Adressaten vergeudete. Um ihm zu zeigen, dass das nicht der Fall war, nannte ich ihm ein paar einfache Beispiele. Bislang hatte er geschrieben: »Tina, hast du dir die Infos angeschaut, die ich dir geschickt habe?« Mein Vorschlag war: »Hallo liebe Tina, ich hoffe, du hattest ein tolles Wochenende. Hast du schon Zeit gefunden, einen Blick in die Informationen zu werfen, die ich dir geschickt habe?«

Oder noch ein anderes Beispiel. Mein Mitarbeiter hatte gemailt: »Sam, ich bräuchte da mal eine Auskunft.« Ich schlug ihm vor, dass Ganze folgendermaßen zu formulieren: »Hallo Sam, ich weiß, dass du sehr beschäftigt bist und tonnenweise Anfragen bekommst. Vielleicht kannst du mir dennoch kurz mit einer Auskunft weiterhelfen?« Nach unserem Gespräch *probierte er die Vorschläge aus und das Verhältnis zu den Kollegen wurde tatsächlich besser.*

Vielleicht denkst du jetzt: »Das ist doch ganz einfach. Wieso ist der Mitarbeiter da nicht von selbst draufgekommen?« Geh bitte nicht davon aus, dass andere genauso denken wie du und das Offensichtliche sehen. Gerade, wenn es um uns selbst geht, sind wir oft völlig »betriebsblind«.

TODD

Hör aufmerksam zu, was der andere auf dein Feedback erwidert, und reagiere entsprechend. Wie wird der Empfänger von korrigierendem Feedback reagieren? Das lässt sich nur schwer vorhersagen. Generell gilt: Je länger du jemanden kennst, desto besser kannst du seine Reaktion abschätzen.

Manchmal versucht der andere, seine Seite der Geschichte zu rechtfertigen oder zu erklären. Er bietet Entschuldigungen oder sein »Warum« an. Ich persönlich bin ziemlich nachsichtig, was das *Warum* betrifft, aber unnachsichtig im Hinblick auf das *Was*. Ich weiß, dass es Warums gibt – viele, ständig. Gegen manche kann ich etwas tun, gegen andere nicht. Die Situation ist nun mal, wie sie ist. Wenn jemand sein Warum ins Spiel bringt, kannst du antworten: »Mir war nicht bewusst, dass du gerade mit diesem Problem zu kämpfen hast. Das klingt wie eine echte Herausforderung. Aber das ändert nichts daran, dass wir das hier irgendwie über die Bühne kriegen müssen. Lass uns also überlegen, was wir tun können.«

Wenn es um korrigierendes Feedback geht, wird es häufig emotional. Ob gerötete Wangen, Schweißausbrüche oder auch Tränen: Diese Gefühle drücken sich immer wieder auch in körperlichen Reaktionen aus. Verurteile deinen Mitarbeiter nicht dafür. Gib ihm stattdessen die Möglichkeit, emotional zu reagieren – ohne den Druck, sich umgehend zusammenreißen zu müssen. Falls der Gefühlsausbruch dich daran hindert, mit deinem Feedback fortzufahren, bleib ruhig und gelassen. Lass dem anderen etwas Zeit, um sich wieder zu fangen.

> **GUT ZU WISSEN!** ❓
>
> ------
>
> **Denk an die Emotionen**
>
> *Viele frischgebackene Führungskräfte legen bei ihrem Feedback den Schwerpunkt auf das inhaltliche Problem. Dabei spielt der emotionale Aspekt beim Geben von Feedback meist eine wesentlich größere Rolle. Wahrscheinlich ist das auch der Grund, warum einige Führungskräfte Feedback-Gespräche nach Möglichkeit ganz vermeiden. Mein Tipp für dich: Nutz einen wesentlichen Teil deiner Vorbereitungszeit, um dir Gedanken über die Emotionen zu machen, die das Gespräch auslösen könnte.*
>
> **TODD**

Hilf deinem Mitarbeiter, die Verantwortung für die Veränderung seines Verhaltens zu übernehmen. Manchmal ist ein Mitarbeiter nicht bereit, die Verantwortung für sein Verhalten zu übernehmen. Du könntest dann beispielsweise sagen: »Kannst du erkennen, in welcher Weise dein Verhalten zu dem Problem beiträgt?« Eine andere hilfreiche Formulierung ist: »Stimmst du mit mir überein, dass sich dieses Verhalten ändern muss?« Wenn der andere die Verantwortung dann von sich weist, solltest du ihm weitere Beispiele zum Ausmaß und den Folgen des Problems nennen.

Stellt gemeinsam einen Aktionsplan auf. Dein Mitarbeiter hat eingesehen, dass es ein Problem gibt. Er hat auch erkannt, dass es an ihm liegt, eine Lösung zu finden. Und jetzt? Stellt gemeinsam einen Aktionsplan auf. Der Mitarbeiter muss verstehen, welches Verhalten du von ihm erwartest. Und: Er muss auch wissen, wie er deine Erwartungen ganz konkret erfüllen kann.

GUT ZU WISSEN! ❓

Was ist mit deiner eigenen Rolle?

Nachdem du ihm korrigierendes Feedback gegeben hast, wird der Mitarbeiter dir in der Regel sein »Warum« erklären. Bitte hör aufmerksam zu und überleg dir, ob du deiner eigenen Rolle tatsächlich gerecht geworden bist. Hast du womöglich zu viel an diese Person delegiert? Hast du die Prioritäten richtig gesetzt? Hast du das Ergebnis, das du erwartest, genau genug beschrieben? Hast du geprüft, ob der Mitarbeiter die erforderlichen Fähigkeiten hat, um die an ihn gestellte Aufgabe zu lösen?

Wenn sich zeigt, dass du selbst Teil des »Warums« bist, solltest du deinem Mitarbeiter bei der Lösung des Problems behilflich sein. Du musst selbst einschätzen, wann und wie du helfen kannst. Auch wenn du ein guter Coach bist, bist du noch lange kein Therapeut. Im Zweifelsfall solltest du deinem Mitarbeiter empfehlen, sich professionelle Unterstützung von dritter Stelle zu holen. Das gilt vor allem für die Überwindung tiefer sitzender »Warums« – beispielsweise für Traumata, Aufmerksamkeitsstörungen oder ernsthafte Familienprobleme.

VICTORIA

Meistens führt es zu besseren Ergebnissen, wenn der Aktionsplan von deinem Mitarbeiter und nicht von dir kommt. Unterstütz ihn bei der Festlegung der nächsten Schritte, indem du Fragen stellst: »Wir haben besprochen, was besser werden soll. Was könntest du anders machen, um dahin zu kommen?« Wenn es deinem Mitarbeiter schwerfällt, einen Aktionsplan zu entwickeln, solltest du ihm mehr Zeit geben und ihm zudem mit deinen Ideen und Vorschlägen ein wenig auf die Sprünge helfen.

DIE 6 HÄUFIGSTEN REAKTIONEN AUF FEEDBACK

Es gibt so viele Arten, auf Feedback zu reagieren, wie es Menschen gibt. Dennoch gehören die meisten Mitarbeiter zu einem der folgenden 6 Reaktionstypen:

1. Der Rechtfertiger

Wie die Person reagiert: *Diese Person gibt das Problem zu, sieht sich aber nicht dafür verantwortlich. Die folgenden Aussagen sind daher typisch: »Ich weiß, dass ich Konflikten aus dem Weg gehe. Aber so bin ich nun mal veranlagt.« Oder: »Ich sage so gut wie nie, was ich denke, weil die anderen ohnehin nur auf Jan hören.«*

Warum das geschieht: *Diese Person will wahrscheinlich nicht zugeben, dass sie sich verbessern müsste. Deshalb stilisiert sie sich zum Opfer und erfindet Gründe für ihr Verhalten.*

Wie du damit umgehen kannst: *Wenn du so etwas hörst, dann stell dir folgende Frage: Was steckt hinter der Angst des Mitarbeiters, Probleme zuzugeben und Veränderungen anzugehen? Nenn dem Mitarbeiter Beispiele dafür, wie du selbst von Feedback profitiert hast. Hilf ihm zu erkennen, dass wir alle Bereiche haben, in denen wir besser werden können. Ermutige ihn, Veränderungen anzugehen. Mach ihm klar: Auch wenn es Dinge gibt, auf die wir keinen Einfluss haben, können wir doch mehr bewegen, als wir zunächst denken.*

2. Der Überreagierer

Wie die Person reagiert: *Diese Person plustert sich auf und schlägt häufig verbal zurück. Noch bevor du den ersten Satz beendet hast, sagt sie dir, wie falsch du mit deiner Aussage liegst: »Was hast du gegen mich? Ich habe dieser Firma sieben Jahre meines Lebens gegeben!« Oder: »Das ist ausschließlich deine Sicht der Dinge.«*

Warum das geschieht: *Diese Person kann es nicht leiden, wenn man sie kritisiert oder ihr auch nur einen guten Rat gibt. Das Feedback trifft bei ihr einen wunden Punkt und ihre Emotionen übernehmen das Ruder.*

⇨

Wie du damit umgehen kannst: Lass der Person Zeit, sich wieder zu fangen, damit ihr ein konstruktives Gespräch führen könnt: »*Ich respektiere deine Sicht und kann verstehen, dass du dich ärgerst. Aber als dein Vorgesetzter werde ich dafür bezahlt, dass ich auf mein eigenes Urteil vertraue. Und da gibt es ein paar Dinge, die anders werden müssen ...*«

3. Der Perfektionist

Wie die Person reagiert: *Diese Person leidet unter dem Gefühl, dich »enttäuscht« zu haben. Das kann man ihr sogar unmittelbar am Gesicht ablesen. Selbst das kleinste Feedback bereitet ihr große Schmerzen.*

Warum das geschieht: *Der Perfektionist macht 99 Prozent von allem richtig und braucht in Wahrheit nicht viel korrigierendes Feedback. Ist dies aber doch mal der Fall, macht ihn das fix und fertig. Denn er ist überzeugt, dass er alles von Anfang bis Ende richtig macht. Er will immer perfekt sein – nicht aus Arroganz, sondern weil er sein Selbstwertgefühl daraus bezieht, zu den Top-Performern zu gehören.*

Wie du damit umgehen kannst: *Versuch, das Gespräch gleich zu Beginn etwas aufzulockern:* »*Ich möchte dir etwas Feedback geben. Du gehörst zu den Besten der Besten. Wahrscheinlich ist es nicht einfach für dich, dass es da vielleicht etwas gibt, was du besser machen könntest. Vielleicht fühlt sich das für dich so an, als hättest du mich oder andere enttäuscht. Lass dir bitte sagen: Das ist nicht der Fall. Einverstanden?*« *Häufig müssen Perfektionisten dann lachen oder sie sagen:* »*Ja, du hast Recht. Sag mir bitte, was ich besser machen kann.*«

4. Der Selbstbewusste

Wie die Person reagiert: *Diese Person hört dir zu und stimmt dir meist auch zu – und das war's dann auch schon. Sie vermittelt den Anschein, als nähme sie das Feedback gut auf. Häufig bittet sie sogar aktiv darum. Aber dann macht sie einfach so weiter wie bisher.*

Warum das geschieht: *Diese Person ist extrem von sich überzeugt. Sie kommt gar nicht auf die Idee, dass sie sich verändern müsste. Im Grunde erwartet sie nichts anderes als bestärkendes Feedback. Sie sucht ständig nach Lob, indem sie um Feedback bittet. Das Feedback nimmt sie scheinbar klaglos zur Kenntnis. Doch am Ende lässt sie nur die Teile an sich heran, die ihr ein gutes Gefühl vermitteln.*

Wie du damit umgehen kannst: *Schildere zunächst deine Beobachtungen. Sprecht dann über konkrete Ziele, die erreicht werden sollen. Nutz dazu Formulierungen wie: »Bevor ich dir Feedback gebe, möchte ich dir sagen, was ich beobachtet habe. Ich weiß, dass du dich verändern und verbessern willst. Erinnerst du dich noch, wie wir über deine Unpünktlichkeit gesprochen haben? Du sagtest, dass du daran arbeiten wolltest. Geändert hat sich seither nichts. Wie wäre es, wenn wir diesmal einen Schritt weiter gehen? Bitte lass uns konkret über die Verhaltensweisen sprechen, die anders werden sollen. Welche Ziele möchtest du dir selbst setzen? Wie willst du deine Fortschritte messen?«*

5. Der Emotionale

Wie die Person reagiert: *Unabhängig von der Art des Feedbacks reagiert diese Person sehr emotional. Häufig sind auch Tränen im Spiel.*

Warum das geschieht: *Das kann die unterschiedlichsten Gründe haben. Manche Menschen sind von Natur aus sehr emotional und nah am Wasser gebaut.*

Wie du damit umgehen kannst: *So trivial es klingen mag – halt eine Packung Taschentücher bereit. Sei achtsam und feinfühlig: »Ich weiß, das ist ein emotionales Thema. Deine Gefühle kann ich nachempfinden. Brauchst du einen kurzen Moment? Oder sollen wir später weitermachen?« Betone immer wieder, dass es deine Absicht ist, dem anderen zu helfen, erfolgreich zu sein.*

⇨

6. Der Verbesserer

Wie die Person reagiert: *Diese Person erkennt das Problem. Sie übernimmt die Verantwortung für die Lösung:* »Mir ist bewusst, dass ich risikoscheu bin. Das will ich unbedingt ändern.«

Warum das geschieht: *Diese Person besitzt genügend Selbstvertrauen, um sich einzugestehen, dass wir alle Bereiche haben, in denen wir uns noch verbessern können. Sie weiß dein korrigierendes Feedback aufrichtig zu schätzen. Denn sie versteht es als Chance zur Veränderung.*

Wie du damit umgehen kannst: *Freu dich, dass diese Person so viel Reife zeigt. Würdige ihre Bereitschaft, die Verantwortung für das eigene Verhalten zu übernehmen.*

TODD

Fass das Gespräch zusammen und dank deinem Mitarbeiter. Nachdem ihr einen Aktionsplan erstellt habt, solltest du zusammenfassen, worauf ihr euch verständigt habt. Mach das mündlich am Ende eures Gesprächs und anschließend noch mal in einer Textnachricht: »Ich möchte kurz zusammenfassen, worüber wir heute gesprochen haben. Wir sind uns einig, dass es wichtig ist, dass du deine Termine einhältst. Deshalb haben wir einen Plan aufgestellt, der dir dabei helfen wird. Danke für deinen Einsatz. Ich denke, das wird sich sehr positiv auf die Leistung unseres gesamten Teams auswirken.«

Leiste Unterstützung. Perfektion ist nicht über Nacht zu erreichen. Entscheidend ist, dass die Richtung stimmt. Überfordere deinen Mitarbeiter nicht. Bring in den Wochen nach dem Feedback-Gespräch nicht noch unzählige andere Verhaltensweisen ins Spiel, die er ebenfalls ändern soll. Lass ihm ausreichend Zeit, um die nötigen Verhaltensanpassungen vorzunehmen. Begleite jede positive Veränderung mit einem bestärkenden Feedback. Eure regelmäßigen 1-zu-1-Gespräche sind eine hervorragende Gelegenheit, um die für eine nachhaltige Veränderung erforderliche Unterstützung zu leisten.

GUT ZU WISSEN! ⑦

Was tun, wenn sich das Verhalten nicht ändert?

Was machst du, wenn sich das Verhalten eines Mitarbeiters nach euren Gesprächen und trotz der Entwicklung eines Aktionsplans nicht ändert? Fass bei deinem Mitarbeiter nach, wie es mit der Umsetzung des Plans aussieht. Frag ihn auch, ob es etwas gibt, bei dem du ihm behilflich sein kannst.
War das Problem schon wiederholt ein Thema? Dann lass keinen Zweifel an den Konsequenzen aufkommen. Ob Abmahnung, Abstriche bei der Leistungsbeurteilung oder Kündigung: Mach deinem Mitarbeiter klar, was passiert, wenn sich sein Verhalten auch weiterhin nicht ändert. Das könnte beispielsweise wie folgt klingen: »Ich schätze die Anstrengungen, die du unternommen hast, um dein Verhalten zu ändern. Leider sind die erforderlichen Verbesserungen noch nicht zu erkennen. Das solltest du dringend ändern. Ansonsten riskierst du, dass du deine Position verlierst.« Jede Organisation hat ihre eigenen Vorgehensweisen, wenn bei einem Mitarbeiter ernsthafte Leistungsprobleme auftreten. Du solltest jedoch in jedem Fall die Personalabteilung einschalten und für eine lückenlose Dokumentation sorgen.

TODD

3. Fähigkeit: Bitte um Feedback zu dir selbst

Manchmal, wenn ich After Shave auftrage, denke ich, dass ich genau die richtige Menge verwendet habe. Doch dann meint meine Frau: »Ist das dein Ernst? Geh und lüfte dich fünf Minuten im Freien aus. Ich bekomme sonst noch einen Asthmaanfall.«

Warum ich mein eigenes After Shave nicht richtig riechen kann?

Ganz einfach: Unser Gehirn filtert vertraute Gerüche aus. Genauso ist es mit unserer Leistung im Beruf. Im Lauf der Zeit nehmen wir unsere eigenen Schwächen, Angewohnheiten und Marotten nicht mehr wahr. Wir brauchen andere Menschen, die uns darauf hinweisen. Denn sonst besteht die Gefahr, dass jemand einen Asthmaanfall erleidet.

―――――――

Ich habe Scotts After Shave gerochen – und kann seiner Frau nur zustimmen.

TODD

―――――――

Auch wenn du dir mit der Bitte um Feedback vielleicht eine Blöße gibst, musst du lernen, es einzufordern. Mach es zu deinem Markenzeichen. Ich persönlich bitte andere ständig um Feedback. Zugegeben, manchmal ist es ganz schön schmerzhaft, offenes Feedback zu bekommen. Aber es lohnt sich. Ich bin ganz sicher, dass ich meinen Erfolg nicht zuletzt dem vielen Feedback zu verdanken habe, das andere mir gegeben haben.

―――――――

Mein Team hatte eine turbulente Zeit durchgemacht. Deshalb wollte ich es neu ausrichten. Dazu hielten wir ein Fokus-Meeting ab. Zum Einstieg ließ ich alle Mitarbeiter Bilder malen. Ob Kommunikation, Umsetzung, Teamgeist, Zusammenarbeit oder Zielerreichung: Jeder sollte aufs Papier bringen, wie er das Team im Augenblick wahrnahm.

Ich mag diese Übung sehr. Sie macht Spaß und sorgt für eine entspannte Atmosphäre. Anstatt herumzusitzen und zu diskutieren, können die Leute ihrer Kreativität freien Lauf lassen. Das gefiel auch meinen Mitarbeitern – und sie legten munter los.

Zu meinem Entsetzen zeichnete ein Mitarbeiter ein Bild von einem wilden Flug. Darauf war ich als Pilotin mit einem türkisen Schal, den ich im echten Leben offensichtlich zu häufig trug, zu sehen. Die Mitarbeiter waren mit irgendwelchen verrückten Aufgaben beschäftigt – und überall

herrschte das blanke Chaos. Dieses Bild hat sich mir für immer eingeprägt.
Natürlich löste das Bild nicht die pure Freude in mir aus. Dennoch war ich stolz, dass mein Team mir gegenüber so offen war. Nachdem unsere Probleme auf dem Tisch lagen, konnten wir uns daran machen, sie zu lösen. Ich lernte an diesem Tag viel von meinen Mitarbeitern – und dieses Bild war eine ungewöhnliche, aber sehr effektive Form von Feedback. Das zeigt: Es gibt viele Möglichkeiten, um Feedback zu geben. Es muss nicht immer das klassische 1-zu-1-Gespräch im Büro sein.

VICTORIA

Im Lauf der Jahre habe ich gelernt, mir gut zu überlegen, wen ich wann um Feedback bitte. Wichtig ist auch, Feedback zu hinterfragen. Übernimm nicht einfach alles, was du von der erstbesten Person zu hören bekommst. Werte es sorgfältig aus. Behalte dabei auch deine Prioritäten, deine Fähigkeiten und dein Wertesystem im Blick.

Deine Mitarbeiter sind sicherlich eine wichtige Feedback-Quelle. Allerdings musst du damit rechnen, dass sie sich mit dem ihrem Feedback eher zurückhalten. Das ist kein Wunder. Schließlich gibt es immer wieder Vorgesetzte, die auf Feedback abfällig reagieren oder es einfach ignorieren. Einige legen dem Feedback-Geber anschließend sogar Stolpersteine in den Weg. Deshalb solltest du eine Teamkultur schaffen, in der deine Mitarbeiter wissen, dass sie ihr Feedback ganz offen äußern können.

Viele Mitarbeiter scheuen sich, ihren Vorgesetzten Feedback zu geben. Ermutige deine Leute regelmäßig, dir das offene und ehrliche Feedback zu übermitteln, das du dir wünschst.

TODD

Es gibt viele gute Gründe, Mitarbeiter um Feedback zu bitten:

- **Du schaffst eine lebendige Feedback-Kultur.** Bitte deine Mitarbeiter möglichst oft um Feedback. Mit der Zeit wird es immer einfacher für sie, dir Feedback zu geben. Und: Je öfter du Feedback bekommst, desto leichter fällt es dir, richtig damit umzugehen und davon zu profitieren.
- **Du bekommst die Chance, dich weiterzuentwickeln.** Feedback ist vor allem dazu gedacht, blinde Flecken aufzuzeigen und die persönliche Weiterentwicklung zu fördern. Das gilt nicht nur für deine Mitarbeiter, sondern auch für dich.
- **Du zeigst deinen Mitarbeitern, wie sie selbst Feedback entgegennehmen können.** Es ist niemals einfach, sich anzuhören, was man nicht so gut macht. Deshalb ist es wichtig, dass du es deinen Mitarbeitern auf die bestmögliche Art vorlebst.
- **Du vermittelst deinen Mitarbeitern das Gefühl, dass sie gehört und respektiert werden.** Lass deine Mitarbeiter wissen, dass sie mit ihren Sorgen jederzeit zu dir kommen können. So verhinderst du Gerüchte, Enttäuschungen und andere Dinge, die den Zusammenhalt im Team gefährden.

Sechs Schritte, um hilfreiches Feedback zu bekommen

Die folgenden sechs Schritte helfen dir, Feedback zu bekommen, das dich wirklich weiterbringt:

1. **Bereite deine Mitarbeiter darauf vor.** Platz nicht einfach ins Büro eines Mitarbeiters und bitte ihn um Feedback. Damit setzt du ihm die Pistole auf die Brust. Was soll er schon sagen? Wahrscheinlich kommt dann: »Äh, ja. Die Besprechung lief doch hervorragend!« Das hilft dir wenig. Besser ist es, wenn du den Mitarbeiter im Vorfeld informierst. Sag ihm, zu welchem Thema du dir Feedback wünschst. Beispielsweise könntest du ihn um eine Rückmeldung zur Art und Weise, wie du die Teambesprechungen leitest, bitten. Versichere ihm, dass du dich in diesem Bereich ernsthaft verbessern willst und dass er dir dabei helfen kann. Vereinbare dann einen Termin für ein Feedback-Gespräch

nach der nächsten oder übernächsten Teamsitzung. So hat er die Chance, sich in Ruhe zu überlegen, was er dir sagen will.

Hast du deine Mitarbeiter bisher noch nicht um Feedback gebeten? Dann wird es wahrscheinlich eine Weile dauern, bis sie das nötige Vertrauen haben, um dir eine wirklich ehrliche Rückmeldung zu geben. Sprich offen darüber, warum du gerne ihr Feedback hättest. Überlass es nicht deinen Mitarbeitern, irgendwelche Mutmaßungen über deinen Wunsch nach ihrem Feedback in Umlauf zu bringen.

Beschränke dich bei den Personen, die du um Feedback bittest, nicht allein auf deine Fans *oder* deine Kritiker. Versuch, mit möglichst vielen Mitarbeitern ins Gespräch zu kommen.

2. **Bitte um konkretes Feedback.** »Wie gut mache ich meinen Job als Manager?« Allgemeine Fragen werden dir keine aufschlussreichen Erkenntnisse bringen. Benenne konkrete Punkte, zu denen du gerne Feedback hättest. Beispielsweise habe ich meine Mitarbeiter gebeten, mich dabei zu beobachten, wie ich eine Präsentation hielt. Anschließend sollten sie mir dann eine E-Mail mit ihren Kommentaren schicken. Warum per E-Mail? Manchen Mitarbeitern fällt es in einer E-Mail leichter, sich offen zu äußern als von Angesicht zu Angesicht. Und auch für mich ist das Feedback per Mail von Vorteil. So habe ich mehr Zeit und Ruhe, um die Kommentare zu verarbeiten.

Sprich von »Rat« oder »Input« statt von »Feedback«. Indem du deutlich machst, dass du die andere Person um ihren fachlichen Rat bittest, vermeidest du eine mögliche Panikreaktion. Sag zum Beispiel: »Ich könnte deinen Rat dazu gebrauchen, wie ich die Leistungen der Mitarbeiter besser würdigen kann.« Oder: »Kannst du mir bitte deinen Input zu meiner E-Mail-Kommunikation geben? Ich wüsste gerne, wie ich sie verbessern kann.«

Nenn Beispiele von Feedback, das du in der Vergangenheit erhalten hast. Damit signalisierst du, dass dir bewusst ist, dass du nicht perfekt bist. Zudem zeigst du, dass du offen für die Rückmeldungen deiner Mitarbeiter bist. Zum Beispiel: »In der Vergangenheit haben mir Mitarbeiter gesagt, dass ich mich bei der Aufgabenverteilung manchmal nicht klar ausdrücke. Das hat mir sehr geholfen – und ich arbeite daran. Hast du vielleicht zusätzliche Ideen, die mir weiterhelfen könnten?«

3. Hör einfühlsam zu. Nutze das, was du im Rahmen der 2. Methode im Hinblick auf die 1-zu-1-Gespräche gelernt hast. Höre einfühlend zu. Fall dem anderen nicht ins Wort. Halte deine Emotionen im Zaum. Lass den anderen ausreden und stell ausschließlich klärende Fragen. Wenn du ein kritisches Feedback bekommst, ist das möglicherweise ein Schock für dich. Oder du würdest am liebsten laut brüllen: »Soll das ein Scherz sein? Hast du eine Vorstellung davon, wie hart mein Job ist!?« Mach das nicht. Sonst wirst du in Zukunft nie wieder aufrichtiges Feedback bekommen.

Sei nachsichtig, was die Formulierung des Feedbacks betrifft. Manche Mitarbeiter haben nie gelernt, wie man Feedback am Arbeitsplatz gibt. Viele haben auch nur selten die Gelegenheit, es zu üben. Folglich wirken ihre Äußerungen möglicherweise schroff, ungehobelt oder unsicher und vage. Sieh darüber hinweg. Achte lieber auf den Kern dessen, was die Mitarbeiter dir sagen wollen.

Lies dir bitte noch mal den Abschnitt »Die 6 häufigsten Reaktionen auf Feedback« weiter vorn in diesem Kapitel durch. Findest du dich in einem der 6 Reaktionstypen wieder? Solltest du an deiner Reaktion arbeiten?

4. Akzeptiere das Feedback. Ich nehme mir immer etwas Zeit, um das Feedback zu verdauen. Hin und wieder muss ich auch erstmal diverse Stadien des Ärgers – Wut, mehr Wut, noch mehr Wut, Abstreiten und Verleugnen – durchmachen. Doch dann setze ich mich mit der Person, die mir Feedback gegeben hat, zusammen. Gemeinsam sprechen wir noch einmal in Ruhe über alles.

Falls ich negatives Feedback bekomme, ist meine erste Reaktion, dass ich mich aufrege. Ich denke, das geht fast jedem so. Aber wenn du andere in deine Höhle lockst, kannst du nachher nicht einen auf Schlange machen. Es ist nicht fair, jemanden um Feedback zu bitten und ihn anschließend dafür zu bestrafen oder ihm Vorwürfe zu machen. Bring den anderen nicht dazu, dass er seinen Schritt nachträglich bereut oder sich in die Defensive gedrängt fühlt. Sag stattdessen lieber: »Dein Feedback gibt mir sehr zu denken. Ich bin dir dankbar dafür, dass du bereit bist, mir deine Beobachtungen so offen mitzuteilen.«

Stell anschließend klärende Fragen. Lass das Ganze aber nicht wie Rechtfertigungen klingen. Verzichte auf Äußerungen wie: »Du findest es also nicht wichtig, hohe Standards zu setzen?« Wahrscheinlich war es für deinen Mitarbeiter nicht einfach, dir Feedback zu geben. Daher solltest du ihm respektvoll begegnen. Nur so wirst du auch in Zukunft noch ungeschöntes, ehrliches Feedback von ihm bekommen.

5. **Werte das Feedback aus.** Wenn ein Mitarbeiter oder eine andere Person dir Feedback gibt, hast du drei Optionen: Du kannst das Feedback akzeptieren, es von dir weisen oder der Sache auf den Grund gehen. Wenn du dich für Option Nummer 3 entscheidest, könntest du zum Beispiel deinen Vorgesetzten, einen Kollegen oder andere Mitarbeiter um Feedback zum selben Thema bitten.

Um ein Feedback richtig auszuwerten, brauchst du ein gutes Urteilsvermögen. Manchmal ist eine Rückmeldung nicht hilfreich oder nicht relevant. Zum Beispiel bekam eine Kollegin einmal gesagt, sie sei schlicht zu klein für eine Führungskraft. So ein Feedback kannst du getrost abhaken und vergessen.

Vielleicht geht es in Wahrheit bei einem Feedback auch gar nicht um dich. Einmal moderierte ich eine große Veranstaltung. Ich bat einige Kollegen, sich das Ganze anzusehen und mir ihr Feedback dazu zu übermitteln. Eine Kollegin verriss die Veranstaltung nach Strich und Faden. Selbst Abschnitte, von denen die anderen komplett begeistert waren, fanden bei ihr keine Gnade. Das verunsicherte mich. Doch dann machte ich mir klar, dass das Feedback in Wahrheit gar nicht die Veranstaltung betraf, sondern irgendetwas oder irgendjemand anderes. Ich dankte ihr und beschloss, mir nicht länger den Kopf über ihr Feedback zu zerbrechen.

6. **Sag, was du mit dem Feedback anfangen wirst.** Wirst du das Feedback umsetzen oder nicht? Wie auch immer deine Entscheidung ausfällt, teil sie deinem Feedback-Geber mit. Das kannst du noch während des Feedback-Gesprächs tun oder nachdem du dir in Ruhe Gedanken gemacht hast. Zeig dem anderen, dass du seine Rückmeldung nicht auf die leichte Schulter nimmst: »Ich weiß unser Gespräch und alles, was du gesagt hast, sehr zu schät-

zen. Ich werde intensiv über die Hinweise, die ich von dir und anderen erhalten habe, nachdenken. Dann werde ich sehen, an welchen Punkten ich in nächster Zeit verstärkt arbeiten will. Deine Einschätzung bedeutet mir sehr viel. Ich hoffe, dass du mir auch in Zukunft weiter offenes und ehrliches Feedback geben wirst.«

Und noch ein wichtiger Hinweis: Du wirst nicht von Beginn an perfekt darin sein, Feedback zu geben und zu empfangen. Das ist auch okay. Doch es ist ein charakteristisches Merkmal sehr guter und erfolgreicher Führungskräfte, dass sie es mit der Zeit lernen.

4. Methode: Tools für die Praxis

Aktionsplan: So gibst du anderen richtig Feedback

Die folgenden Fragen helfen dir, bestärkendes oder korrigierendes Feedback zu geben.

Person, für die dieses Feedback gedacht ist:	
	Dokumentation der Details
Welches Problem habe ich bemerkt: Beispiel: • Rick fällt anderen in Besprechungen häufig ins Wort.	
Welche konkreten Vorkommnisse hat es hierzu gegeben? Beispiel: • In den letzten beiden Besprechungen unterbrach Rick seine Kollegen und riss die Leitung der Meetings an sich.	
Wie wirkt sich dieses Problem auf unsere Ergebnisse aus? Beispiel: • Andere haben keine Lust mehr, sich einzubringen, weil Rick sie unterbricht und zu viel Redezeit für sich beansprucht. Die Meetings sind die einzige Gelegenheit, um Probleme mit dem Produktionsteam zu besprechen. Wenn sich hier nicht alle einbringen, steigt das Risiko, dass die Produktion sich verzögert und wir unsere Lieferfristen nicht einhalten können.	

Gesprächsleitfaden

Wo und wann will ich dieses Feedback geben?
Beispiel:
- In unserem nächsten 1-zu-1-Gespräch.

Wie werde ich das Gespräch eröffnen:
Beispiele:
- »Rick, ich möchte gern mit dir über eine Beobachtung reden, die ich in der letzten Teambesprechung gemacht habe. Wollen wir uns ein paar Minuten Zeit dafür nehmen?«
- »Rick, ich habe bemerkt, dass ... Das führt dazu, dass ...«

Wie wird die Reaktion der Person vermutlich aussehen? Wie will ich damit umgehen?
Beispiel:
- Rick ist Perfektionist. Mein Feedback wird ihn treffen. Ich werde ihm zunächst versichern, dass mir bewusst ist, wie gut er alles andere macht.

Welche Fragen will ich stellen?
Beispiele:
- »Kannst du mir helfen zu verstehen, warum du in den Meetings dazu neigst, anderen ins Wort zu fallen?«
- »Was könntest du in Zukunft anders machen? Und wie kann ich dich dabei unterstützen?«

Zum Abschluss des Gesprächs sage ich:

Beispiele:
- »Danke für dein Verständnis. Ich freue mich, dass wir uns darauf geeinigt haben, dass du X tun wirst und ich Y.«
- »Ich werde dir eine E-Mail schicken, in der ich nochmal kurz zusammenfasse, was wir heute beschlossen haben. Lass uns dann am _____ (Datum) wieder darüber sprechen.

Erkenntnisse und nächste Schritte

Denk noch mal über alles nach, was wir bezüglich dieser Methode besprochen haben. Notier dir, was besonders wichtig für dich ist.

_____

_____

_____

_____

_____

_____

Was wirst du umsetzen? Und wann fängst du damit an? Schreib dir gleich zwei oder drei Dinge auf:

_____

_____

_____

_____

_____

_____

5. Methode
Steuere dein Team durch die Veränderung

Die meisten Menschen finden Veränderungen gut – allerdings nur, solange sie von ihnen selbst ausgehen. Sobald eine Veränderung von außen kommt, ist die Begeisterung meistens wie weggeblasen. Wie der MIT-Forscher und Management-Experte Peter Senge sagte: »Menschen haben nichts gegen Veränderungen. Aber sie wollen nicht verändert werden.«[7]

Effektive und erfolgreiche Führungskräfte setzen Veränderungen mit ihren Teams aktiv um – auch wenn diese von der Unternehmenszentrale, externen Beratern, Banken, Wettbewerbern oder Kunden an sie herangetragen werden.

— — — — — — —

Einer unserer Teamleiter hat einen äußerst positiven Einfluss auf sein Team und seine Vorgesetzten, weil er Veränderungen nicht nur umsetzt, sondern sie zu seinem eigenen Projekt macht. Nennen wir diesen Teamleiter einfach mal Paul. In seinem ersten Führungsjob hatte Paul Mühe mit einem neuen Einstellungsverfahren. Er hatte Sorge, dass der veränderte Prozess seinem Team und ihm selbst das Leben unnötig schwer machen würde. Paul dachte intensiv über seine Bedenken nach. Denn er sah seine Aufgabe als Teamleiter darin, seinen Mitarbeitern den Weg zu ebnen und ihnen zu helfen, ihre Ziele umzusetzen. Gleichzeitig wollte er aber auch das Unternehmen dabei unterstützen, seine Ziele zu erreichen.

Anlässlich einer Vertriebskonferenz hatte Paul die Gelegenheit, mit unserem CEO zu sprechen. Er schilderte ihm in einem Gespräch unter vier Augen seine Bedenken: »Ich würde meinem Team gerne versichern, dass ich voll hinter dem neuen Einstellungsverfahren stehe. Aber, ganz ehrlich:

Momentan ist das nicht der Fall. Könntest du mir bitte etwas mehr über die Gründe, die dafür sprechen, erzählen?«

Nach einem sehr offenen Gespräch verstand Paul, weshalb das neue Vorgehen sinnvoll und richtig war. Mehr noch: Er wusste auch, wie er die Veränderung in seinem Team effektiv umsetzen konnte. Zudem hatte er viele Ideen, wie er andere Führungskräfte bei der Implementierung des neuen Einstellungsverfahrens unterstützen konnte.

Pauls Initiative hinterließ beim CEO einen positiven und bleibenden Eindruck. Inzwischen ist Paul vom Teamleiter der untersten Ebene zum Top-Manager aufgestiegen. Denkst du jetzt: »*Na ja, Paul weiß eben, wie man sich hochdient*«*? Ich glaube, das trifft nicht zu. Paul ist eine sehr verantwortungsbewusste Führungskraft. Er beherrscht die Kunst, mit viel Fingerspitzengefühl nach dem* »*Warum*« *hinter dem* »*Was*« *zu suchen. Das kannst du auch. Wie das geht? Hinterfrag Veränderungen. Wenn du ihren Sinn und Zweck verstanden hast, dann mach sie zu deinem eigenen Projekt. Setz dich mit vollem Engagement für ihre Umsetzung ein.*

TODD

Um es klarzustellen: »Veränderungen zu seinem eigenen Projekt zu machen« heißt nicht, sie anzustoßen. Auch Paul hat sich das neue Einstellungsverfahren nicht ausgedacht. Er wurde lediglich gebeten, das Ganze umzusetzen. Da er sich schwer damit tat, suchte er das Gespräch mit dem CEO. Paul bat den CEO, ihm den Sinn der Veränderung zu erklären. Das war der Schlüssel, damit er sie zu seinem Projekt machen konnte.

Viele Führungskräfte leisten in guten Zeiten tolle Arbeit. Doch was wirklich in ihnen steckt, zeigt sich erst in Zeiten der Unsicherheit. Früher oder später wirst auch du mit Veränderungen konfrontiert werden. Dann gilt es, einen der härtesten Tests deiner Führungsfähigkeiten zu bestehen. Hier sind Führungskräfte gefragt, die Geduld, Ausdauer, Widerstandsfähigkeit und Selbstvertrauen an den Tag legen. Sie sind für ihre Unternehmen und ihre Teams von allergrößtem Wert.

Übliche Denkweise	Effektive Denkweise
Ich versuche, Veränderungen für meine Leute erträglich zu machen.	Ich werbe in meinem Team für Veränderungen.

Der Unternehmer und Autor Seth Godin schreibt: »In der Welt von heute ist es die sicherste Wette von allen, auf Chaos zu setzen.«[8] Veränderungen sind allgegenwärtig: Entlassungen, Fusionen, Strategie- und Personalwechsel oder »hilfreiche« Software-Updates, die häufig mehr Kopfschmerzen verursachen als Probleme beheben. Eine deiner wichtigsten Führungsaufgaben ist es, die Produktivität deines Teams in Zeiten des Umbruchs zu sichern. Dabei ist eins ganz wichtig: Neben den fachlichen Aspekten musst du die emotionalen Aspekte der Veränderung im Blick haben. Denn das ist der Punkt, an dem Veränderungsprozesse am häufigsten aus dem Ruder laufen.

Wie schaffst du es, dass dein Team positiv mit Veränderungen umgeht? Das hängt in erster Linie von deiner Einstellung und deinem Verhalten ab. Wenn du die Veränderung mit Skepsis betrachtest, wird dein Team das auch tun.

Das Veränderungsmodell von FranklinCovey

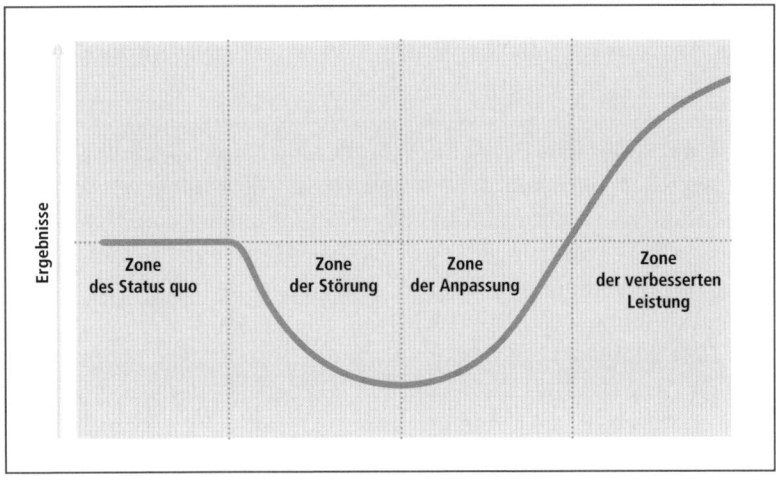

Die Folgen einer unternehmensweiten Veränderung sind häufig ebenso wenig vorhersagbar wie die Reaktionen der Mitarbeiter. Das Veränderungsmodell von FranklinCovey ist ein Tool, das uns allen hilft, die *vier Zonen der Anpassung* an die Veränderung erfolgreich zu meistern.

Eine Vorbemerkung: Veränderungsmanagement ist Gegenstand intensiver Studien und so mancher wissenschaftlichen Arbeit zur Organisationsentwicklung. In diesem Kapitel geht es weder um das Eine noch um das Andere. Wir haben bewusst ein einfaches, klares und praxisnahes Modell entwickelt. Dieses Modell hat vor allem ein Ziel: Es soll Führungskräften helfen, die *emotionalen* Aspekte der Veränderung zu bewältigen.

Das Veränderungsmodell bringt Logik und Vorhersehbarkeit in einen Prozess, der häufig chaotisch erscheint. Es ist ein Tool zur Diagnose der Reaktionen auf die Veränderung. Dabei steht nicht nur dein Team im Mittelpunkt. Der Fokus richtet sich auch auf deine eigene emotionale Reaktion.

Im Grunde kann man das Modell und die darin abgebildete Veränderungskurve mit zwei einfachen Begriffen umschreiben: »kurz und flach.« Diese Begriffe solltest du im Hinterkopf behalten. Sie erinnern dich daran, dass du jede Zone so schnell wie möglich durchlaufen solltest. Und noch ein wichtiger Hinweis: Versuch bitte nicht, einzelne Zonen abzukürzen oder zu überspringen.

Die 4 Zonen im Veränderungsmodell

Sehen wir uns nun die vier Zonen von Veränderungsprozessen aus unserem Modell genauer an:

- **1. Zone: Status quo.** Bevor die Veränderung eintritt, läuft das Alltagsgeschäft in gewohnter Art und Weise. Alle fühlen sich damit mehr oder weniger wohl. In einigen Situationen wünscht ihr euch vielleicht Veränderungen. Das bleibt allerdings hypothetisch. Aber sobald die Veränderung eintritt, wird aus den hypothetischen Überlegungen plötzlich Wirklichkeit.
- **2. Zone: Störung.** Die Emotionen kochen hoch und die Ergebnisse brechen ein. Gleichzeitig denken alle darüber nach, was die Neuerungen für sie persönlich bedeuten. Diese Zone ist zunächst von Stress und Unsicherheit geprägt. Sobald mehr Informationen

bekannt werden und der Veränderungsprozess sich klarer abzeichnet, solltest du aktiv werden. Entwickle einen Handlungsplan für deine Mitarbeiter und auch für dich selbst.
- **3. Zone: Anpassung.** An die Stelle von Widerstand und Stress tritt Akzeptanz oder Resignation. Bei einigen Mitarbeitern führt das zur Kündigung. In dieser Zone solltest du gemeinsam mit deinen Mitarbeitern Antworten auf die folgenden beiden Fragen finden: Wie könnt ihr euch an die veränderte Situation anpassen? Und: Wie könnt ihr Dinge anders machen? In dieser Zone musst du dich als Führungskraft eventuell mit Fehlentscheidungen des Managements oder einer unausgereiften Veränderungsstrategie auseinandersetzen.
- **4. Zone: Verbesserte Leistung.** Die Veränderung ist weitgehend implementiert. Im Idealfall erzielst du mit deinen Mitarbeitern jetzt bessere Ergebnisse als zuvor. Und wenn nicht? Dann habt ihr eure Widerstandsfähigkeit im Team vermutlich gestärkt. Zudem habt ihr euch den Ruf erworben, pro-aktiv mit Veränderungsprozessen umzugehen.

Veränderungen sind ein unberechenbarer Prozess. Die vier Zonen erleichtern dir die Anpassung – besonders, wenn du sie zügig und ohne allzu große Umwege durchläufst.

Du kannst dieses Modell auch nutzen, um zu erkennen, wo auf der emotionalen Kurve sich jeder einzelne deiner Mitarbeiter gerade befindet. Keine zwei Menschen reagieren auf Veränderung in derselben Weise und im selben Tempo. Deshalb ist es hilfreich, wenn du sagen kannst: »Shawn befindet sich in der 3. Zone. Dagegen steckt Megan immer noch in der 2. Zone fest.« So kannst du im Veränderungsprozess individuell auf jeden Mitarbeiter eingehen und ihn genau dort abholen, wo er gerade steht.

Wirklich gute Führungskräfte helfen ihren Mitarbeitern, die 4. Zone möglichst schnell und komplikationslos zu erreichen. Bereite die Veränderung in der 1. Zone vor. Gehe dann in der 2. und 3. Zone auf die Emotionen deiner Mitarbeiter ein. So sorgst du dafür, dass die Veränderungskurve deines Teams kurz und flach verläuft.

Natürlich solltest du dich auch um deinen eigenen Weg durch die vier Zonen kümmern. Nimm deine Emotionen, Ängste und Irritation nicht auf die leichte Schulter. Vielleicht musst du sie vorübergehend zurückstellen, um dich auf das Wohl deiner Mitarbeiter zu fokussieren. Pass aber auf, dass aus dieser Warteschleife keine dauerhafte Vermeidungsstrategie wird. Scheue dich nicht, deine Sorgen gegenüber deinem unmittelbaren Vorgesetzten unter vier Augen anzusprechen. Wenn dein Vorgesetzter dafür nicht in Frage kommt, solltest du dir jemand anderen in einer gehobenen Position suchen, mit dem du über deine Bedenken sprechen kannst. Du brauchst einen sicheren Hafen, in dem du deine Ängste und Zweifel äußern kannst. Ganz wichtig: Über all dem darfst du nicht vergessen, dass du deinem Team gegenüber Ruhe und Zuversicht ausstrahlen solltest!

Deine Ängste gegenüber deinem Vorgesetzten ansprechen und gleichzeitig Optimismus gegenüber deinem Team ausstrahlen? Beides miteinander zu vereinbaren ist sicher nicht einfach. Aber das ist ein Spannungsfeld, das alle Führungskräfte aushalten müssen, die einen Veränderungsprozess durchlaufen.

— — — — — — —

Als ich während der weltweiten Finanzkrise für ein großes Unternehmen tätig war, musste unser Teil der Organisation die Kosten drastisch senken. Es gab viele Gerüchte im Hinblick auf bevorstehende Entlassungen. Die Mitarbeiter waren verständlicherweise ängstlich, nervös und gestresst. Ich führte eine leistungsstarke Lern- und Weiterbildungsabteilung. Meine Mitarbeiter fragten sich, wer wohl als Erster die Kündigung bekommen würde. Ich rief sie zusammen und erklärte: »Hört zu, ich weiß nicht, was passieren wird. Vielleicht muss der eine oder andere aus unserem Team gehen. Aber die Panik, die wir jetzt spüren, führt dazu, dass wir unseren Kunden einen schlechteren Service bieten. Das wirkt sich dann auf die Ergebnisse aus und besiegelt letztlich unser Schicksal. Deshalb dürfen wir uns nicht verrückt machen lassen. Wir müssen weiterhin zeigen, wie wichtig und wertvoll unser Team für unsere Organisation ist.« Ich sagte meinen Leuten auch ganz offen: »Ich habe keine Ahnung, ob und wann wir mehr Informationen bekommen werden. Zudem weiß ich nicht, was ich an euch weitergeben darf. Aber ich werde mich nach Kräften bemühen, so viel Transparenz wie nur möglich zu schaffen.«

Ich bereitete mich innerlich darauf vor, einige meiner Mitarbeiter entlassen zu müssen. Zudem machte ich mir klar, dass auch mein eigener Job auf dem Spiel stand. Mein Mann und ich sprachen in Ruhe über alles. Wir entwickelten einen Plan B für den Fall, dass mein Team und ich keine Zukunft im Unternehmen haben würden. Das ist etwas, das ich seitdem jedem empfehle: Wenn du durch schwierige Zeiten gehst, stell einen Plan B auf. Leg ihn anschließend zur Seite und konzentrier dich mit voller Aufmerksamkeit auf die Umsetzung von Plan A!

Schließlich bekamen wir Führungskräfte die Anweisung, dass wir eine große Zahl an Mitarbeitern einsparen mussten. Wir sollten die Leute auswählen, die gehen mussten. Für unsere Entscheidung wurde uns eine Frist von nur 48 Stunden gesetzt. Natürlich wussten wir, dass das die einzige Chance war, das Unternehmen zu retten. Aber uns war auch bewusst, was das für diejenigen bedeutete, die ihren Job verloren. Die Gespräche mit den Betroffenen werde ich niemals vergessen!

Wenn du notgedrungen eine schlechte Nachricht überbringen musst, kann es leicht passieren, dass du dir das furchtbar zu Herzen nimmst. Im meinem Fall war mein Mitleid mit den Mitarbeitern so groß, dass mir zum Heulen zumute war. Aber das bringt niemandem etwas. Mach dir klar: »*Das hat nichts mit mir zu tun!*« *Überleg dann:* »*Was kann ich tun, um das Ganze für die betroffene Person so erträglich wie nur möglich zu machen?*«

Wohlgemerkt, das alles spielte sich innerhalb von 48 Stunden ab. Zudem mussten wir uns währenddessen auch noch um das laufende Geschäft kümmern.

Wut, Schock, Vorwürfe oder Fassungslosigkeit: Es war abzusehen, dass die Mitarbeiter völlig unterschiedlich auf ihre Entlassung reagieren würden. Darauf bereiteten wir sämtliche Manager, die Mitarbeiter aus ihren Teams verlieren würden, vor. Dazu nutzten wir das Veränderungsmodell. Beispielsweise sagten wir ihnen: »*Einige deiner Mitarbeiter werden möglicherweise wütend reagieren. Bitte bleib gelassen und verständnisvoll. Gesteh ihnen diese Reaktionen zu. Mach das auch, wenn sie unfreundlich oder ausfallend werden. Das ist okay. In Wahrheit geht es hier nicht um dich. Es ist deine Aufgabe, deinen Mitarbeitern zu helfen, mit einer der schlimmsten Erfahrungen in ihrem Leben fertigzuwerden.*«

Der Schock und die Verunsicherung können länger nachwirken, als du denkst. In unserem Fall wurde der Glaube, dass wir ein gesundes, stabiles Unternehmen waren, zutiefst erschüttert. Bis dahin hatten sich die Mitarbeiter so sicher gefühlt. Unser Teil der Organisation hatte in der ganzen Zeit keine schlechte Leistung gezeigt. Dennoch mussten wir hart daran arbeiten, allen wieder das Gefühl zu geben, ein »*erfolgreiches Team*« *zu sein.*

VICTORIA

— — — — — — —

1. Fähigkeit: Bereite dein Team und dich in der 1. Zone auf die Veränderung vor

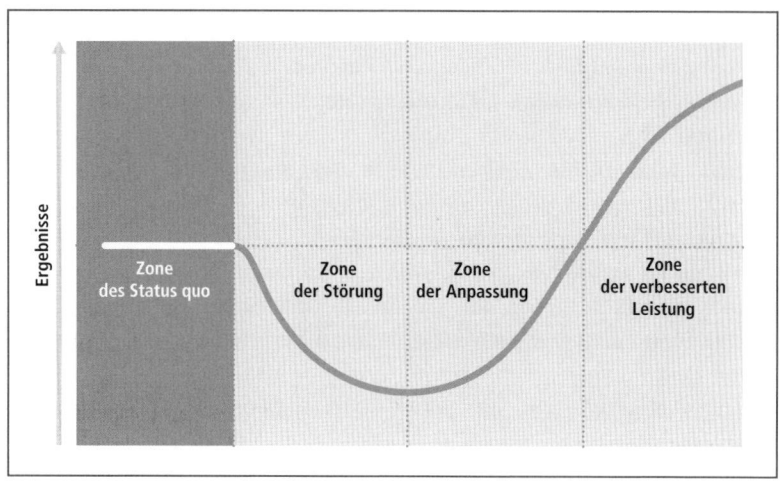

Stell deinem Team am Ende der 1. Zone die Veränderung vor

Wie kannst du Veränderungen positiv sehen und als Gewinner daraus hervorgehen? Der erste Schritt: Mach dir deine besondere Position als Führungskraft der unteren Ebene bewusst. Die Veränderung wird vom Top-Management durch alle Führungsebenen bis zu dir durchgereicht. Von dir wird erwartet, dass du umgehend damit beginnst, die Neuerungen mit deinem Team umzusetzen.

Viele unerfahrene Führungskräfte glauben, dass sie die ganze Last der Veränderung allein tragen und die Auswirkungen auf ihre Mitarbeiter möglichst gering halten müssten. Zudem machen neue Führungskräfte häufig noch einen anderen Fehler: Sie schließen sich der von ihren Mitarbeitern geäußerten Kritik an der Veränderung an. Damit versuchen sie, bei ihrem Team zu punkten. Doch so schaffen sie eine Atmosphäre des »Wir da unten gegen die da oben«. Das solltest du nicht tun. Mach dir stattdessen klar, dass jeder in deinem Team so früh wie möglich in den Veränderungsprozess einbezogen werden sollte. Je mehr du dein Team vor der neuen Richtung abschottest,

> **PROBIER ES AUS!** ⟳
>
> ------
>
> **Wie reagierst du auf Veränderungen?**
>
> *Bevor du einer Veränderung den Weg ebnen kannst, musst du erst mal deine eigene emotionale Reaktion in den Griff bekommen. Überleg bitte, wie du in der Vergangenheit auf Veränderungen reagiert hast. War deine Reaktion negativ? Dann frag dich: Warum war das so? Hast du dem Management misstraut? Hättest du gern mehr Informationen gehabt? Hattest du Angst um deinen Job? Hast du Unannehmlichkeiten wegen der Veränderung befürchtet? Hast du dir Sorgen gemacht, dass deine Fähigkeiten nicht ausreichen, um die Veränderung erfolgreich zu meistern?*
>
> *Denk an eine aktuelle oder künftige Veränderung, vor der du stehst. Stell für einen Augenblick deine persönliche Agenda und deine eigenen Bedürfnisse zurück. Wie wahrscheinlich ist es, dass diese Veränderung für dein Unternehmen ein Gewinn wird? Wie könntest du dich besser an die Veränderung anpassen? Könnte das Ganze sich vielleicht sogar positiv auf deine Position und deinen Einfluss in der Organisation auswirken?*
>
> **TODD**

desto schwieriger wird es, deine Leute für die Veränderung zu gewinnen.

Die Unternehmensleitung plant die Veränderung. Deine Mitarbeiter sind diejenigen, die letztlich direkt davon betroffen sind. Und du? Du bist der »Puffer« dazwischen. Du musst nicht nur deine eigenen Emotionen bezüglich der Veränderung meistern, sondern dich auch auf die Reaktionen in deinem Team vorbereiten.

Lenk die Veränderungsinitiative von Anfang an in eine positive Bahn. Achte auf eine einfache, klare und rücksichtsvolle Kommunikation gegenüber deinen Leuten. Geh dabei auf ihre Zweifel, Ängste und Sorgen ein. Hier sind einige bewährte Praxistipps:

Richte einen »heißen Draht« zu deinen Vorgesetzten ein. Weißt du genau, warum die Veränderung implementiert wird? Hast du Informationen darüber, wie viel Zeit die Unternehmensleitung für die Umsetzung eingeplant hat? Und: Woran wird konkret festgemacht, ob die Veränderung erfolgreich ist? Du kannst deine Leute nicht auf dem Laufenden halten, wenn du selbst nicht auf dem Laufenden bist. Stell deinen Vorgesetzten oder anderen Verantwortlichen neugierige Fragen. Sei aber darauf gefasst, dass auch sie nicht alle Antworten kennen und ein Rest von Unklarheit bestehen bleibt. Wenn alle sämtliche Antworten wüssten, wäre jeder Veränderungsprozess ein voller Erfolg. Doch tatsächlich scheitern sage und schreibe 75 Prozent aller Veränderungsbemühungen.[9]

Informiere dein gesamtes Team, sobald du von einer bevorstehenden Unternehmensveränderung erfährst. Versammle umgehend sämtliche Mitarbeiter. Sag vor der kompletten Mannschaft, was alles geplant ist. Dann erfahren alle zur selben Zeit und auf dieselbe Weise, was du über die bevorstehende Veränderung zu berichten hast. Dadurch minimierst du das Risiko, dass Irritationen oder Gerüchte wegen der Reihenfolge, in der die Mitarbeiter informiert wurden, aufkommen. Achte besonders auf die Leute, die Telearbeit leisten. Binde sie unbedingt per Video und nicht nur über Telefon ein. So kannst du ihre Reaktionen wesentlich besser einschätzen.

Sei offen, verständlich, klar und fair. Selbst wenn die Neuerung positive Auswirkungen hat, weckt die Veränderung bei den meisten zunächst ein ungutes Gefühl. Eine zögerliche oder unklare Kommunikation verstärkt die Sorgen und Ängste. Sei also direkt und eindeutig. Achte auf eine selbstbewusste, entspannte Körpersprache und einen ruhigen Tonfall. Verzichte auf flapsige Formulierungen oder unverständliches Fachchinesisch.

Wenn die Veränderung als negativ wahrgenommen wird, solltest du auf keinen Fall schlecht über die Initiatoren der Veränderung sprechen. Versuch bitte nicht, dich so in ein besseres Licht bei deinem Team zu stellen. Vertrau auf die Intelligenz und die Widerstandskraft deiner Leute. Sag ihnen die Wahrheit. Sprich Klartext, wenn es zu Entlassungen und Stellenabbau kommt. Verschweig nicht, dass die Veränderung schwierig wird. Liefere deinen Mitarbeitern so viele Informationen wie nur möglich. Wenn deine Leute wissen, was auf sie zukommt, können

PRAKTISCHE FORMULIERUNGSHILFEN 💬

Wie sagst du deinem Vorgesetzten, dass du (noch) nicht von der Veränderung überzeugt bist?

Was kannst du tun, wenn du deinem Team die Veränderung präsentieren sollst und noch immer nicht davon überzeugt bist? Such das Gespräch mit deinem Vorgesetzten. Äußere deine Zweifel höflich, sachlich und respektvoll – zum Beispiel in einem eurer regelmäßigen 1-zu-1-Gespräche. Sag zu deinem Vorgesetzten: »Ich möchte mehr über diese Initiative erfahren. Gerne wüsste ich auch, was sie für mein Team bedeutet. Mein Ziel ist, die Veränderung besser zu verstehen, damit ich sie auch besser umsetzen kann. Deshalb würde ich gerne mit dir über meine Bedenken reden. Versteh mich bitte nicht falsch – ich bin nicht grundsätzlich gegen diese Veränderung.« Wenn du dein Anliegen so vorbringst, wird die Mehrheit der Führungskräfte sicher verständnisvoll reagieren und deiner Bitte nachkommen.

TODD

---

sie sich besser mit der neuen Situation arrangieren. Die meisten Menschen können mit schlechten Nachrichten umgehen – was sie aber gar nicht leiden können, sind Ungewissheit und Geheimniskrämerei.

Vor längerer Zeit arbeitete ich mit einem Manager, der sein Unternehmen vor seinen Mitarbeitern immer wieder in ein schlechtes Licht rückte. Er brauchte ein Feindbild, um sich selbst als Held darzustellen, der leidenschaftlich für die Interessen seiner Leute kämpfte. Dadurch konnte er seine Mitarbeiter tatsächlich für sich einnehmen. Letztlich wirkte diese Strategie aber wie ein Hemmschuh. Er bremste sein Team in einer Situation aus, in der es in Wahrheit gar keinen Feind gab. Ich glaube, dass dieses Verhalten unter Führungskräften wesentlich verbreiteter ist als gedacht. Auf den ersten Blick mag das funktionieren. Aber die Wirkung ist reiner Selbstzweck und leider nicht nachhaltig.

TODD

Sprich von »uns« und nicht von »dem Management«. Schieb die Veränderung nicht dem Management in die Schuhe. Das rächt sich. Für deine Mitarbeiter *bist du* das Management. Wenn du dich lautstark von der Unternehmensspitze distanzierst, schaffst du eine ungesunde »Wir gegen sie«-Mentalität. Bemühe dich also um Neutralität und Offenheit:

- **Sag nicht:** »Ihr werdet es mir nicht glauben. Aber wir werden mit unserem Konkurrenten XY fusionieren. Das Management hat diese Entscheidung getroffen. Ich kann daran leider nichts ändern.«
- **Sag lieber:** »Ich habe eine wichtige Neuigkeit für euch: Wir werden mit unserem Wettbewerber XY fusionieren. Mir ist klar, dass das für euch wahrscheinlich ziemlich überraschend kommt. Ich bin selbst noch dabei, die Nachricht zu verarbeiten. Jetzt sage ich euch erst mal alles, was ich über die geplante Unternehmensfusion weiß. Anschließend beantworte ich dann gerne eure Fragen.«

Erläutere klar und deutlich, welche Auswirkungen die Veränderung auf dein Team haben wird. Es ist ganz normal, dass die Mitarbeiter wissen wollen, was die Veränderung für sie persönlich bedeutet: »Kann ich meinen Job behalten? Muss ich den Sommerurlaub stornieren? Sollte ich meinem Partner mitteilen, dass wir uns ab sofort nur noch die allernötigsten Dinge leisten können?« Als ich mein Team über Entlassungen informieren musste, unterbrach mich einer meiner Mitarbeiter mitten im Satz. Er nahm sein Handy und rief seine Frau an, um ihr zu sagen, dass sie sofort den Auftrag für die Pflasterarbeiten in der Hauseinfahrt absagen sollte. Ich erzähle das nicht, um mich über diesen Mitarbeiter lustig zu machen. Im Gegenteil: Von unserem Beruf und unserem Einkommen hängt so gut wie alles andere in unserem Leben ab. Deshalb: Sag deinen Mitarbeitern ganz genau, wie sich die Veränderungen auf ihren Aufgabenbereich, ihre Arbeitsstunden, ihre

Vergütung, ihren Arbeitsplatz und andere wichtige Faktoren auswirken werden. Unterscheide dabei klar zwischen Veränderungen, die mit Sicherheit kommen werden, und solchen, die lediglich als Möglichkeit im Raum stehen.

W*as ist, wenn Mitarbeiter die wahre Geschichte, wie es zu der Veränderung kam, nicht kennen? Dann beginnen sie, sich ihre eigene Version zusammenzureimen!*

VICTORIA

Erkläre, weshalb es zu der Änderung kommt. Für deine Mitarbeiter kommt die Veränderung aus heiterem Himmel. Ihnen wird keine Zeit gelassen, sich allmählich mit der neuen Situation anzufreunden.

Selbst wenn du von den Vorteilen der Veränderung überzeugt bist, bedeutet das noch lange nicht, dass das auch auf deine Mitarbeiter zutrifft. Nur weil du die Neuerungen sinnvoll findest, werden deine Leute ihren natürlichen Widerstand gegen Veränderungen nicht einfach aufgeben. Niemand lässt sich gerne auf Veränderungen ein, deren Hintergründe er nicht kennt. Deshalb solltest du deinem Team so viele Informationen wie nur möglich geben und allen die Zusammenhänge genau erklären.

GUT ZU WISSEN! (?)

Was ist, wenn du selbst die Veränderung bist?

Als ich zur Direktorin befördert wurde, kam das für viele meiner Kollegen ziemlich überraschend. Einige hatten selbst auf diese Position spekuliert. Das verursachte in den ersten sechs Monaten viele
⇨

Reibereien. Glücklicherweise hatte ich schon einiges an Erfahrung in Sachen Mitarbeiterführung. Deshalb war ich in der Lage, mein Team mit klarer Kommunikation durch den Veränderungsprozess zu steuern. Aber wenn es meine erste Führungsposition gewesen wäre, hätte ich es womöglich nicht geschafft.

Wenn du eine Führungsrolle übernimmst, ist das sehr wahrscheinlich eine große Veränderung für die Menschen in deinem Umfeld. Scheu dich nicht, deinen eigenen Vorgesetzten nach Unterstützung zu fragen. Bitte ihn beispielsweise, dass er deine neue Rolle als Führungskraft im Vorfeld klar kommuniziert. Manche Kollegen wollen nicht akzeptieren, dass du nun die Führungsrolle innehast. Sie übergehen dich und wenden sich immer direkt an deinen Vorgesetzten. Vereinbare mit ihm, dass er diese Kollegen konsequent an dich verweist.

VICTORIA

Respektiere die Gefühle deiner Mitarbeiter. Ermutige jeden aus deinem Team, offen über seine Emotionen zu sprechen. Zeig deinen Leuten, dass ihre Gefühle legitim sind. Erklär ihnen, dass du deine Aufgabe darin siehst, ihnen zu helfen, mit ihrem Gefühlskarussell im Verlauf des Veränderungsgeschehens klarzukommen. Sag beispielsweise: »Wenn du nicht sicher bist, ob du dich auf die neuen Prozesse einstellen kannst, dann lass uns in unserem nächsten 1-zu-1-Gespräch darüber reden.« Damit kannst du vielen potenziellen Problemen zuvorkommen.

Zu den negativen Reaktionen unserer Mitarbeiter auf Veränderungen gehören Widerwille, Spott, Ironie, Zynismus, Ärger über mangelnde Einbindung oder kollektiver Widerstand. Meist helfen hier eine offene Kommunikation, viel Geduld und großes Einfühlungsvermögen.

GUT ZU WISSEN! ❓

Veränderungen sind keine Selbstläufer

Vor ein paar Jahren besuchte ich einen hervorragenden Führungskräftelehrgang. Dort lernte ich ein völlig neues System zur Verfolgung und Umsetzung unserer Ziele kennen. Total begeistert kehrte ich zu meinem Team zurück. Ich war überzeugt, dass die neue Methode uns allen weiterhelfen würde. Allerdings war mir nicht bewusst, dass ich meinen Mitarbeitern das Ganze näher erklären musste. Ich empfand die Veränderung als wahren Glücksfall und konnte es gar nicht abwarten, sie umzusetzen. Das ist eine klassische Falle, in die wir gerne tappen, wenn wir selbst von einer Veränderung begeistert sind. Ich brauchte eine Weile, bis mir bewusst wurde, dass meine Mitarbeiter meine Begeisterung nicht wirklich teilten. Ihrer Meinung nach führte das neue System zu erheblicher Mehrarbeit. Ich musste mich bremsen und zuerst mal einen Workshop zur neuen Methode für meine Mitarbeiter organisieren. Anschließend meinten sie: »Jetzt verstehen wir es. Ja, das ist wirklich eine tolle Sache!«

Interessanterweise hatten sie mir zunächst nicht gesagt, dass die Veränderung ein rotes Tuch für sie war. Erst, als sie selbst davon überzeugt waren, erzählten sie mir von ihrer anfänglichen Abneigung. Manchmal steht eine Veränderung ins Haus, von der wir wissen, dass sie unseren Leuten nicht gefallen wird. Uns ist auch klar, wie wichtig es ist, offen zu sein, den Sinn und Zweck der Veränderung verständlich zu machen, die Zustimmung unserer Mitarbeiter zu gewinnen und ihnen dabei zu helfen, sich mit den Neuerungen anzufreunden. Doch häufig unterschätzen wir den Aufwand, der damit verbunden ist. Das gilt besonders, wenn wir selbst bereits Feuer und Flamme für die Änderungen sind. Was du in diesem Fall tun kannst? Steuere den Veränderungsprozess so umsichtig, als ob es sich auch in deinen Augen um eine »schwierige« Neuerung handeln würde.

VICTORIA

2. Fähigkeit: Überwinde die Störungen in der 2. Zone

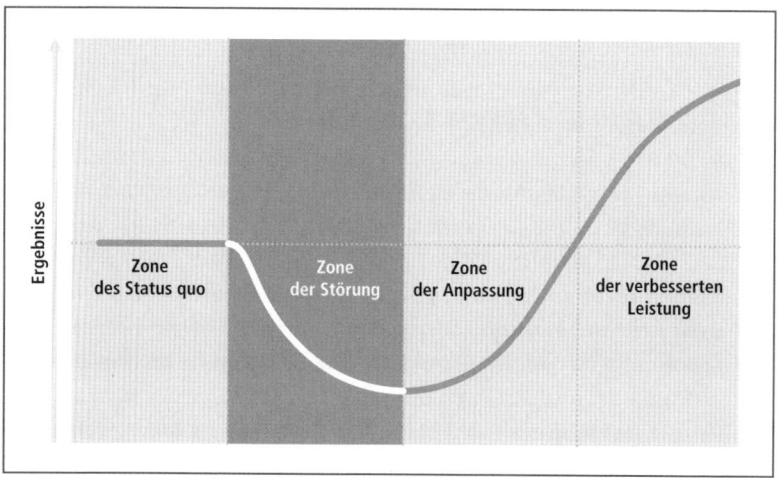

Sobald eine Veränderung angekündigt wird, wechseln dein Team und du in die Zone der Störung. Ist hier tatsächlich schon der Moment der *Ankündigung* und nicht erst die Phase der Umsetzung ausschlaggebend? Ja! Unser Veränderungsmodell handelt nicht von dem, was wir tun. Vielmehr geht es um die Emotionen, die eine Veränderung hervorruft. Sie setzen ein, sobald deine Mitarbeiter erfahren, dass am Horizont eine Veränderung auf sie wartet.

Die Zone der Störung ist mitunter die schwierigste im gesamten Veränderungsprozess. Jede Neuerung führt auf irgendeiner Ebene zu Störungen – in Form von Zeitknappheit, Mehrkosten, Stress oder Beeinträchtigungen der Unternehmenskultur. Selbst wenn die Mitarbeiter die Veränderung positiv aufnehmen, können Unsicherheit und eine steile Lernkurve zu einer verringerten Produktivität, erhöhten Leerlaufzeiten und häufigeren Frusterlebnissen führen. Jede Störung schlägt direkt auf die Ergebnisse durch. Die fallende Kurve in der Grafik zum Veränderungsmodell zeigt das sehr deutlich. Oder anders ausgedrückt: Je länger dein Team in der Zone der Störung feststeckt, desto mehr leiden die Ergebnisse darunter.

Deine Mitarbeiter werden in dieser Zone bleiben, bis sie wissen,

- was sich verändern wird und warum;
- was die Veränderung für sie persönlich bedeutet – beispielsweise in Bezug auf Karriere, Einkommen oder Arbeitsort und Arbeitszeiten;
- was sie tun können, um die Kontrolle über die Ereignisse ganz oder teilweise zurückzugewinnen;
- wie sie weiter vorgehen wollen.

Mitarbeiter, die diese vier Kriterien erfüllen, haben den *Punkt der Entscheidung* erreicht. Sobald das der Fall ist, werden sich die Ergebnisse wieder verbessern. Deshalb solltest du unbedingt ein Auge darauf haben, dass sich niemand aus deinem Team in der Zone der Störung einnistet. Sonst kann es schnell passieren, dass schlechtere Ergebnisse zur »Normalität« werden. Deine Aufgabe ist es, die Störungen zu minimieren und alle Beteiligten dabei zu unterstützen, möglichst schnell an den Punkt der Entscheidung zu kommen. Die folgenden Tipps werden dir dabei helfen. Denk auch hier bitte immer an die Devise »kurz und flach«.

Achte darauf, dass deine Mitarbeiter sich in die Veränderung »einbezogen« fühlen. Was können sie zur erfolgreichen Implementierung beitragen? Sorg im Rahmen deiner Möglichkeiten dafür, dass der Veränderungsprozess für dich und dein Team zu einem spannenden Erlebnis wird. Uns ist natürlich bewusst, dass nicht alle Veränderungen das gleiche Begeisterungspotenzial haben. Aber je enger du deine Mitarbeiter einbinden kannst, desto besser!

Auch wenn du die Veränderung klar und offen kommuniziert hast – dein Team braucht Zeit, um das Ganze zu verarbeiten und zu verstehen. Deine Leute werden sich Sorgen wegen möglicher negativer Folgen machen und neue Fragen stellen. Das ist normal. Mach nicht den Fehler, alle unerfreulichen Reaktionen zu unterdrücken. Gib deinen Mitarbeitern den nötigen Freiraum, um mit ihren Gefühlen ins Reine zu kommen. Sorg für Klarheit, erklär die Zusammenhänge und halte dein Team immer auf dem Laufenden.

Wenn die Emotionen hochkochen, übersehen deine Mitarbeiter eventuell viele Details, die du ihnen bereits kommuniziert hast. Ihre Ängste oder ihr Bedürfnis, sich der Veränderung entgegenzustellen, gewinnen die Oberhand. Das hindert sie daran, sich an die neue Situation anzupassen. Hier ist umfassende, offene und kontinuierliche Kommunikation gefragt. Schaff Transparenz. Erklär deinem Team, was passiert und warum es geschieht. Hör dir die Fragen deiner Mitarbeiter in Ruhe an. Antworte so schnell und so klar wie möglich. Ausführliche Informationen und konkrete Antworten sind das beste Mittel gegen Angst.

Sprich regelmäßig mit jedem Mitarbeiter unter vier Augen. Wenn du mit jedem Mitarbeiter einzeln sprichst, kannst du offene Fragen stellen. So erfährst du, wie der Betreffende mit der Veränderung zurechtkommt. Zudem kannst du ihm Hilfe anbieten und ihn gezielt unterstützen. Wenn du die 2. Methode aus diesem Buch bereits umgesetzt hast und wöchentliche 1-zu-1-Gespräche führst, hast du es hier natürlich viel leichter.

Beispiele für offene Fragen, die du stellen könntest:

- »Was sagt dir dein Gefühl zu den Neuigkeiten von gestern?«
- »Welche Sorgen und Bedenken hast du, über die noch nicht gesprochen wurde?«
- »Hast du Ähnliches bereits früher in deiner beruflichen Laufbahn erlebt? Was hast du damals daraus gelernt?«
- »Was kann ich tun, um dir zu helfen, leichter damit klarzukommen?«

Verringere Ängste und vermeide Gerüchte mit konkreten Informationen: »Ich kann verstehen, warum du dir Sorgen machst. Eine Verdopplung der Teamgröße innerhalb eines Jahres wird uns vor einige Herausforderungen stellen. Die Manager, mit denen ich darüber gesprochen habe, haben mir versichert, dass wir bis auf Weiteres in unserem Büro im Stadtzentrum bleiben können. Das gilt auch, falls wir mehr Platz benötigen.«

Bring deine Solidarität zum Ausdruck: »Ich stimme dir zu, dass der Übergang eine Herausforderung sein wird. Deshalb ist es umso wichtiger, dass wir uns alle gegenseitig unterstützen.«

Brich nicht in Panik aus, wenn dir jemand eine Frage stellt, auf die du nicht vorbereitet bist. Sag ganz ehrlich: »Danke, dass du das ansprichst. Ich brauche etwas Zeit, um mich hier schlauzumachen. Gerne werde ich dem Team im nächsten Meeting sagen, was ich dazu in Erfahrung bringen konnte.« Ganz wichtig: Halt deine Zusage bitte unbedingt ein!

Lass deinen Worten Taten folgen. Teams beobachten ihre Vorgesetzten immer sehr genau – ganz besonders in Zeiten der Veränderung. Sie achten aufmerksam darauf, was du sagst und tust. Schließlich wollen die Mitarbeiter herausfinden, was die Veränderung wirklich für sie bedeutet und wie sie am besten damit umgehen können.

Achte also sorgfältig auf das, was du sagst und wie du es sagst. Das gilt besonders, wenn es um Neuigkeiten im Hinblick auf die Veränderung geht, die nicht gerade positiv sind. Bleib so ruhig und zuversichtlich wie nur möglich. Je besser dir das gelingt, desto eher werden deine Mitarbeiter deinem Beispiel folgen und sich an die veränderte Situation anpassen.

Gib Häme, Spott und Schuldzuweisungen keine Chance. Kein Management-Team implementiert Veränderungen nur so zum Spaß. Veränderungen sind für Unternehmen lebensnotwendig. Innovation und Wachstum brauchen frische Ideen, neue Prozesse und neue Paradigmen. Egal, in welcher Branche: Der zunehmende weltweite Wettbewerbsdruck erfordert Veränderungen. Natürlich gibt es keine Garantie, dass eine Veränderung tatsächlich den angestrebten Erfolg bringt. Doch jeder aus dem Top-Management hofft, dass es die richtige Entscheidung ist.

Ein großes Problem im Zusammenhang mit Veränderungen ist, dass die meisten Mitarbeiter anfangs nichts Gutes erwarten. Manche vermuten hinter Neuerungen nur »Eintagsfliegen«. Sie gehen fest davon aus, dass die Initiative scheitern und ohnehin bald alles wieder beim Alten sein wird. Deshalb versuchen sie, das Ganze einfach auszusitzen. Das solltest du nicht tun. Mach die Veränderung lieber zu deinem eigenen Projekt. Stell dich an die Spitze. Gewinne dein Team so früh wie möglich für die geplante Neuerung. So könnt ihr alle bestmöglich von den Vorteilen einer erfolgreichen Umsetzung profitieren.

Wie das geht? Hier ist ein hilfreiches Paradigma: In ihrem Buch *Wege statt Irrwege* unterscheiden Clayton M. Christensen, James Allworth und Karen Dillon zwei Strategiearten: die *bewusste* und die *lernende* Strategie. Bewusste Strategien ändern sich während der Umsetzung nicht. Sie bleiben immer gleich. Ganz anders sieht es bei lernenden Strategien aus. Sie verändern sich permanent. Manchmal hat die Strategie am Ende gar nichts mehr mit dem ursprünglichen Plan zu tun. Genau das zeichnet besonders erfolgreiche Strategien aus. Sie sind nicht in Stein gemeißelt, sondern entwickeln sich kontinuierlich weiter.[10]

Eine Veränderung sieht nach achtzehn Monaten meist ganz anders aus als zu Beginn. Wenn wir das wissen, sind wir während des gesamten Veränderungsprozesses gelassener, toleranter und flexibler. Du kannst dich leichter anpassen und die Zonen der Veränderung besser meistern, wenn dir bewusst ist, dass sich die Strategie mit der Zeit womöglich ändert.

Anstatt Skepsis zu ignorieren, solltest du dich damit auseinandersetzen. Es ist okay, Veränderungen erst mal zu hinterfragen. Deshalb solltest du deinen Mitarbeitern auch die Möglichkeit geben, ihre Ängste und Bedenken offen auszusprechen. Lass das Gespräch jedoch nicht in ein Festival von Spott, Zynismus und Schuldzuweisungen ausarten. Hör deinen Mitarbeitern aufmerksam und einfühlsam zu, wie du es im Rahmen der 2. Methode gelernt hast. Wenn du deine Mitarbeiter spüren lässt, dass du ihre Sorgen ernst nimmst, hast du sie häufig schon für die Veränderung gewonnen.

Wenn eine Veränderung angekündigt wird, können ihre Konsequenzen unmöglich schon bis zum Ende durchdacht worden sein. Top-Manager sind auch nur Menschen. Die meisten Veränderungsinitiativen nehmen erst allmählich ihre endgültige Form an. Ein gewisses Vertrauen in die Unternehmensleitung ist daher unabdingbar. Unterstell dem Management die besten Absichten. Das Gesamtbild stellt sich vielleicht anders dar, als du es von deiner Warte aus erkennen kannst. Geh aktiv auf deine Vorgesetzten zu. Bemüh dich Antworten auf deine Fragen zu bekommen. Setz alles daran, die Gründe für die geplanten Neuerungen besser zu verstehen. Je mehr du über die Veränderung erfährst, desto weniger Angst wird sie dir machen.

Stell dich chronischem Widerstand entgegen. Manche Mitarbeiter werden sich der Veränderung auch dann noch verweigern, wenn ihre Kollegen sich längst damit angefreundet haben. Manche stellen sich dem Anschein nach auch auf die Veränderung ein, um im nächsten Augenblick dann doch wieder in alte Verhaltensmuster zurückzufallen. Setz dich mit dem Widerstand unmittelbar auseinander. Achte auf das nötige Maß an Fingerspitzengefühl und Zurückhaltung. Nicht immer ist Sturheit der Auslöser für die Verweigerungshaltung. Wenn du

Bedenken einfach vom Tisch fegst, erfährst du vielleicht nie, was der wahre Grund dahinter ist. Wie bereits erwähnt, zahlen sich Geduld, Einfühlungsvermögen und Zuhörbereitschaft in den allermeisten Fällen aus. Und wenn nicht? Dann ist es vielleicht an der Zeit, Klartext zu reden und unmissverständlich zu sagen, dass der Zug jetzt abgefahren ist. Natürlich hättest du die Betreffenden gerne als Mitreisende. Aber wenn sie ihren Sitzplatz nicht finden, sollten sie sich vielleicht lieber ein anderes Reiseziel suchen.

Finde Antworten auf die folgenden Fragen: Ist der Widerstand eine Phase, leeres Gerede oder eine tiefe innere Überzeugung? Handelt es sich um einen ehrlich besorgten Mitarbeiter, der vor wirklichen Herausforderungen steht? Oder geht es hier um einen unverbesserlichen Aufwiegler? Ist die Person engagiert und leistungsstark? Häufig sträuben sich gerade Mitarbeiter, die im alten Umfeld Bestleistungen bringen, gegen eine Veränderung. Woran das liegt? Sie haben besonders viel zu verlieren.

Ist der Widerstand offen oder verdeckt? Verdeckter Widerstand kann ein Hinweis darauf sein, dass die Teamkultur den offenen Dialog und die Transparenz nicht ausreichend fördert. Es ist deine Aufgabe, deinen Mitarbeitern vorzuleben, dass man in eurem Team unbeschadet die Wahrheit sagen kann. Nur so herrschen auch in turbulenten Zeiten der Veränderung Transparenz und Offenheit.

Ziel dieser ganzen Tipps ist, dass dein Team und du den Punkt der Entscheidung schnellstmöglich erreichen. Denn hier beginnt die Mehrheit deiner Leute, sich mit der Veränderung zu identifizieren. Dann sind sie auch bereit, in die 3. Zone überzugehen.

Wie bereits erwähnt, habe ich mit meinem damaligen Team während der globalen Finanzkrise eine harte Zeit durchgemacht. Wir mussten das Tagesgeschäft am Laufen halten, obwohl die Leute erst mal den Schock der Entlassungswelle verdauen mussten. Die Kommunikationsstrategie, die ich im Rahmen der 1. Zone beschrieben habe, half da ungemein. Es war wichtig, dass ich so viele Informationen weitergab, wie ich nur konnte.

Ich musste meinem Team das große Ganze verständlich machen. Alle mussten wissen, dass die Existenz der gesamten Organisation auf dem Spiel stand. Zudem musste ich ihnen zeigen, welchen Beitrag sie zur Ret-

tung des Unternehmens leisten konnten. Ich sprach mit meinen Mitarbeitern darüber, wie wichtig es war, dass wir uns gegenseitig unterstützten. Immer wieder motivierte ich sie, in die anderen Abteilungen zu gehen und den Kollegen dort zu helfen, anstatt sich im eigenen Büro zu verschanzen.

VICTORIA

— — — — — — —

3. Fähigkeit: Pass dich in der 3. Zone schnell an die veränderte Situation an

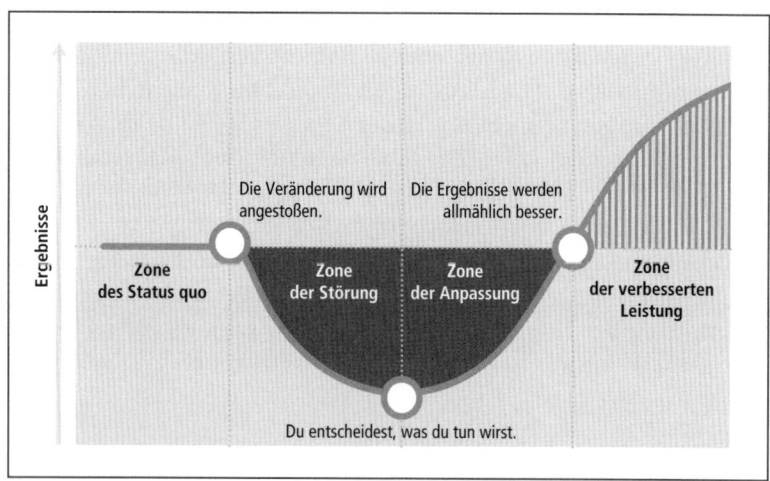

Veränderung ist hart. Sie endet nicht immer und nicht für jeden in einer erfreulichen Aufwärtskurve. Veränderung kann bedeuten, dass wir uns von manchen Leuten trennen müssen. Immer wieder passiert das auch, weil die Mitarbeiter sich nicht mit der neuen Situation anfreunden können und von sich aus kündigen. In dem Augenblick, in dem die Veränderung greift und zum Maßstab für das Verhalten der Mitarbeiter wird, ist das Risiko des Scheiterns am größten.

Wenn du es mit deinem Team in die 3. Zone geschafft hast, dann habt ihr den Punkt der Entscheidung überwunden. Ihr habt damit begonnen, euch an die neuen Regeln anzupassen. Das ist der Moment, in dem es ernst wird. Am Anfang dieser Zone seid ihr in einem *Ergebnistal*. Deine Mitarbeiter haben fast ihre gesamte Zeit damit verbracht, sich an die veränderten Regeln, Technologien oder Vorgehensweisen und an die neue Kultur anzupassen. Sie haben ihre Tätigkeit praktisch neu erfunden. Jetzt ist es deine Aufgabe, ihnen dabei zu helfen, einen Gang zuzulegen und vom *Lernmodus* wieder in den *Umsetzungsmodus* zu kommen.

Soll ein Anstieg der »Ergebniskurve« erreicht werden, bedeutet das zunächst mehr Arbeit. Deshalb ist es wichtig, dass ihr im Team alles, was ihr macht, auf den Prüfstand stellt. Entscheidet gemeinsam: Was soll auch weiterhin so bleiben? Womit wollt ihr neu beginnen? Und was wollt ihr nicht mehr tun?

»Kurz und flach!« Je schneller ihr euch an die veränderte Situation anpasst, desto früher habt ihr das Gefühl, dass die Vorteile die erbrachten Opfer mehrfach aufwiegen.

In einer idealen Welt sieht die Leistungskurve in der Zone der Anpassung folgendermaßen aus:

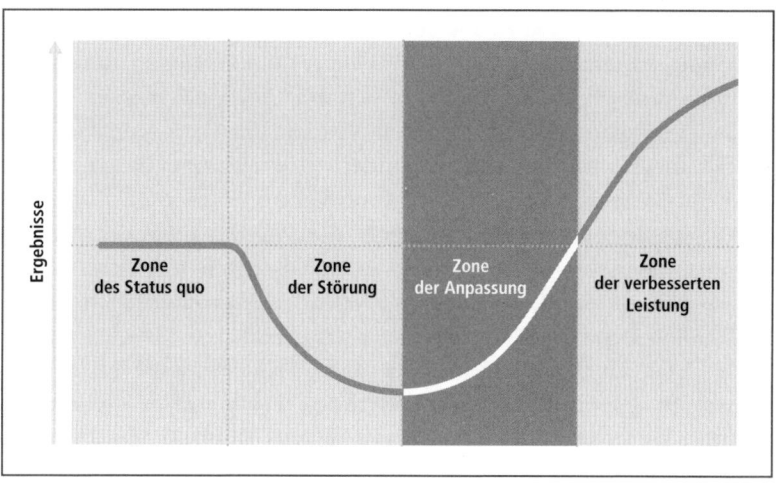

In Wirklichkeit verläuft die Kurve jedoch oft so:

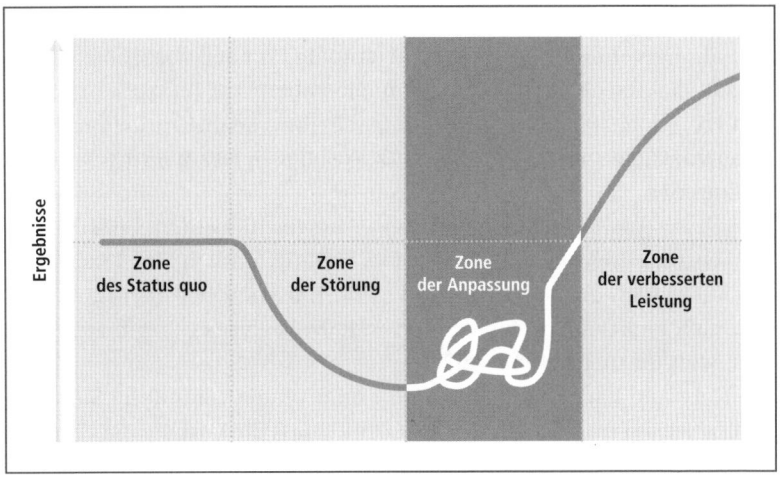

In dieser Phase beginnen deine Mitarbeiter, ihre Verkaufsaktivitäten mit Hilfe einer innovativen Software-Plattform zu verwalten; sie gewöhnen sich an die Zusammenarbeit mit anderen Dienstleistern; sie bewältigen die zusätzliche Arbeit, für die ihre entlassenen Kollegen zuständig waren; sie finden sich in den Räumlichkeiten des neuen Standorts zurecht und arrangieren sich mit allen Änderungen, die ihnen von höherer Stelle vorgegeben wurden. Die Anpassung verläuft nicht einfach und reibungslos, sondern stockend und holprig. Neue Backend-Systeme und Hardware-Tools versagen den Dienst und sorgen für große Frustration. In letzter Minute werden irgendwelche Änderungen vorgenommen, aber es wurde versehentlich vergessen, dich und dein Team zu informieren. Und manche Mitarbeiter fallen wieder in die alten Denk- und Verhaltensweisen zurück.

Das ist normal. Dennoch ist es alles andere als einfach. Deshalb solltest du deinen Mitarbeitern offen sagen, was auf sie zukommen könnte. Wenn es beispielsweise um technologische Veränderungen geht, könntest du erklären: »In den nächsten Wochen oder Monaten müssen wir uns erst mal an die neue Technik gewöhnen. Das kann sich zunächst langsamer und schwerfälliger anfühlen als die Arbeit mit den bekannten Tools. Von Zeit zu Zeit werden wir sicher auch in unsere alten Gewohnheiten zurückfallen. Und auch Pannen werden sich nicht vermeiden lassen. Aber gemeinsam werden wir das alles meistern.«

Die folgenden Tipps helfen dir, dieses Versprechen wahrzumachen:

Justiere deine eigenen Erwartungen und die deiner Mitarbeiter neu. Mehr dazu erfährst du im Kapitel zur 3. Methode. Hier zeigen wir dir, wie du dein Team auf das Erreichen der angestrebten Ergebnisse ausrichten kannst.

Konzentriere dich auf das wirklich Wichtige – und sag nein zu allem Übrigen. Gib den Aktivitäten, die dir helfen, die Zone der Anpassung schnellstmöglich zu überwinden, den Vorrang. Sag nein zu allen anderen Dingen. Zugegeben, das ist nicht einfach. Dennoch solltest du dir in dieser anstrengenden Phase nicht zu viel aufladen. Nur so wirst du es schaffen, diese Zone hinter dir zu lassen. Schirme dein Team gegen alles Nebensächliche ab. Sieh zu, dass deine Mitarbeiter sich in erster Linie darauf konzentrieren können, sich erfolgreich an die Veränderung anzupassen.

Nutze ein Scoreboard, um die Fortschritte deines Teams sichtbar zu machen. Vielleicht kannst du sogar ein eigenes Board für den Veränderungsprozess entwickeln? Worauf es beim Einsatz eines Scoreboards ankommt? Das erfährst du später im Kapitel zur 3. Methode.

Feiert eure Fortschritte. Während ihr die Zone der Anpassung durchquert, müssen deine Mitarbeiter sehen, dass sie Fortschritte erzielen. Deshalb: Feier die Fortschritte mit deinem Team. Das motiviert und verhindert, dass der Prozess ins Stocken gerät.

Überleg, welche *kurzfristigen* Fortschritte du mit deinem Team erzielen kannst. Ein kurzfristiger Fortschritt ist eine wichtige Verbesserung, die für alle erkennbar ist und in einem klaren Zusammenhang zur angestrebten Veränderung steht. Spürbare Kosteneinsparungen durch den neuen Prozess? *Was für ein toller Erfolg!* Ein glücklicher Kunde? *Wunderbar*! Die langersehnte Lösung für ein Problem mit der Kalender-Software, das das Team zwei Jahre lang in den Wahnsinn getrieben hat? *Fantastisch!*

Achte darauf, dass du deine Mitarbeiter immer wieder motivierst und aufmunterst. Damit hilfst du ihnen, die Zone der Anpassung so schnell und erfolgreich wie möglich hinter sich zu lassen.

Lern aus Fehlern. Veränderung erfordert, dass wir neue Dinge ausprobieren. Sobald wir uns aus unserer Komfortzone bewegen, steigt die Wahrscheinlichkeit, dass wir Fehler machen. Dennoch kannst du als Teamleiter hohe Leistungserwartungen haben und deine Mitarbeiter zugleich motivieren, etwas Neues zu wagen. Mit einem Lächeln, einem freundlichen Tonfall und anerkennenden Worten für die Fortschritte deiner Mitarbeiter erreichst du viel: »Danke, dass du dich bemühst, den neuen Beratungsansatz umzusetzen. Ich schätze es sehr, dass du es einfach mal ausprobierst. Darf ich dir noch einen Tipp geben? Ich möchte dir gern etwas zeigen, was ich aus meinen eigenen Versuchen gelernt habe.«

———————

Als wir dabei waren, unsere Kundendatenbank komplett umzustellen, bekam ich eines Sonntags einen Anruf von einer Mitarbeiterin: »Alle meine Kundendaten sind verschwunden.« Ich sagte: »Wir haben euch doch eine Mail geschickt. Da steht genau drin, was in diesem Fall zu tun ist.« Kaum hatte ich das gesagt, war mir klar, dass wir etwas falsch gemacht hatten. Die Mitarbeiterin erwiderte: »Todd, ich habe letzte Woche etwa 400 E-Mails bekommen. Mag ja sein, dass das da irgendwo stand. Aber ich habe in zwei Stunden ein Kundengespräch und ich weiß nicht, wie ich an die Daten komme.«

Einmal mehr wurde mir bewusst, wie das echte Leben die besten Pläne über den Haufen werfen kann. Ich hätte bessere Fragen stellen und meine Mitarbeiter früher einbeziehen sollen. Dann hätte ich potenzielle Probleme erkannt und rechtzeitig etwas dagegen tun können.

TODD

———————

Fehler sind Bestandteil jeder Veränderung. Deshalb solltest du ein Umfeld schaffen, in dem Fehler sichere Lerngelegenheiten sind. Möglicherweise musst du dafür sorgen, dass deine Mitarbeiter zusätzliche Fähigkeiten entwickeln, die für den Veränderungsprozess erforderlich sind. Unter Umständen erfordert das etwas mehr, als sie in einen Fortbildungskurs zu schicken. Nutz deine 1-zu-1-Gespräche, um mit deinen Mitarbeitern Lernziele zu vereinbaren und Lernwege zu ergründen. Du kannst ihnen auch Mentoren vermitteln, die ihnen Feedback geben und ihnen neue Möglichkeiten aufzeigen.

Führe mit deinem Team und mit jedem einzelnen Mitarbeiter regelmäßig Gespräche über die Veränderung und ihre Auswirkungen. Wir wiederholen das, weil es so wichtig ist. Wenn du dich in deinem Büro verkriechst, bis sich die Lage verbessert hat, werden deine Mitarbeiter das nicht vergessen. Und: Sie werden es dir auch nicht verzeihen. Nimm die Herausforderung an. Mach dir klar, dass es mit einem Gespräch nicht getan ist. Hör deinen Mitarbeitern zu und gib ihnen Hilfestellung. Schaff Vertrauen und such nach den Ursachen für anhaltende Bedenken, Ängste und Irritationen.

Gib deinen Mitarbeitern das Ventil, das sie brauchen, um sich ihren Frust von der Seele zu reden: »Das war eine unglaubliche Woche. Deswegen wollte ich mich mal melden und nachfragen, wie es dir so geht. Hast du irgendwelche Probleme oder Fragen?«

Wie bereits mehrfach erwähnt, verarbeiten wir Menschen Veränderungen auf unterschiedliche Weise und in unterschiedlichem Tempo. Deshalb leisten dir 1-zu-1-Gespräche mit deinen Mitarbeitern hier sehr gute Dienste. So hast du die Möglichkeit, offene Fragen zu stellen und herauszufinden, was die einzelnen Mitarbeiter tatsächlich über die Neuerungen denken. Zudem kannst du jedem Mitarbeiter im 1-zu-1-Gespräch ausführlich erklären, welche Vorteile die Veränderung ihm ganz persönlich bringen kann. Zeig ihm, wie er dank der Neuerungen seine Ziele erreichen kann. Biete ihm deine Unterstützung an. Mach konkrete Vorschläge, wie du ihn unterstützen kannst. Um es noch einmal zu betonen: Du kannst in Zeiten der Veränderung nicht genug kommunizieren. Häufige, offene und transparente Kommunikation ist der Schlüssel, um Veränderungsprozesse gemeinsam mit deinem Team zu meistern.

Versuch nicht, die Situation schönzureden oder Probleme zu verschweigen. Sicher hast du schon mal eine Hiobsbotschaft erhalten. Wollte man dir dann direkt danach erzählen, was für eine tolle Chance das in Wahrheit ist? Dann weißt du aus eigener Erfahrung, wie verletzend und demotivierend das sein kann. Mit solchen »klugen« Sprüchen sorgst du nicht für gute Laune in deinem Team. Im Gegenteil: Dadurch bringst du deine Leute gegen dich auf. Begegne deinen Mitarbeitern mit Respekt. Nimm realistisch zur Kenntnis nimmst, wo jeder einzelnen von ihnen im Veränderungsprozess gerade steht. Sorg gezielt dafür, dass der Prozess nicht zum Stillstand kommt. Deine Aufgabe beschränkt sich nicht darauf, Auffangbecken für Beschwerden und Sorgen zu sein. Es liegt an dir, deine Mitarbeiter so gut und so schnell wie möglich durch die Veränderung zu *führen*.

GUT ZU WISSEN! ❓

Bleib nicht stehen!

Sobald es erste Anzeichen gibt, dass die Veränderung ein Erfolg werden könnte, denken viele Führungskräfte, dass der schwerste Teil des Weges nun hinter ihnen liegt. Dabei steht ihnen die eigentliche Bewährungsprobe noch bevor. Die Stunde der Wahrheit schlägt beim Übergang von der Zone der Anpassung in die Zone der verbesserten Leistung. Jetzt bist du als Führungskraft mehr gefragt denn je. Lobe deine Leute für ihre Fortschritte. Unterstütze sie dabei, immer besser zu werden. Ermuntere sie, sich mit anderen Veränderungswilligen zusammenzutun. Baut gemeinsam ein Netzwerk auf, das immer weiter wächst. So wird über kurz oder lang ein nicht mehr zu stoppendes Schwungrad daraus.

VICTORIA

Verbünde dich mit Veränderungswilligen aus deinem Team, damit sie andere mit ihrem Elan und ihrer Begeisterung anstecken. Einige deiner Mitarbeiter werden sich mit der Veränderung vermutlich leichter anfreunden als andere. Verbünde dich mit ihnen. Bitte sie, die Kollegen zu unterstützen, die sich mit den Neuerungen schwertun. Das heißt allerdings nicht, dass du deine Mitarbeiter gegeneinander ausspielen sollst. Das geht meistens schief. Ermuntere die Befürworter der Veränderung, dir zur Seite zu stehen und positive Energie in den täglichen Veränderungsprozess zu bringen. In unserer Organisation stand ein tiefgreifender technologischer Wandel an. Eine Kollegin war zunächst Feuer und Flamme. Doch plötzlich war sie wie ausgewechselt. Sie befürchtete negative Folgen für ihre Abteilung und sträubte sich mit Händen und Füßen gegen die geplanten Neuerungen. Die Unternehmensleitung reagierte sehr schnell. Schließlich gelang es den Managern, der Kollegin die Ängste zu nehmen. Nachdem sie die Vorteile der Änderungen für ihr Team erkannt hatte, wechselte sie wieder ins

Lager der Befürworter. Ihre Begeisterung wurde schließlich zu einem entscheidenden Erfolgsfaktor für den gesamten Prozess.

Höre verständnisvoll zu, wenn Mitarbeiter von ihren Sorgen und Bedenken berichten. Stimme aber nicht mit in den Chor ein. Verständnis für die Sorgen der Mitarbeiter zu haben, ist richtig und wichtig. Doch du solltest auf keinen Fall eigene Zweifel und Bedenken ins Feld führen. Hör deinen Leuten zu, stell Fragen und respektier die Gefühle deiner Mitarbeiter. Mach nicht mehr und nicht weniger. Natürlich ist die Versuchung groß, sich am allgemeinen Gejammer zu beteiligen. Doch damit untergräbst du deine Glaubwürdigkeit – und deine Mitarbeiter fühlen sich noch schlechter. Auch, wenn das vielleicht hart klingt: Es spielt keine Rolle, wie es dir geht. Was wirklich zählt, sind deine Mitarbeiter.

Bitte deinen Vorgesetzten um Feedback und Unterstützung. Tausch dich intensiv mit deinem Vorgesetzten aus. Das gilt besonders, wenn der Veränderungsprozess ins Stocken gerät. Frag ihn, was du seiner Meinung nach anders oder besser machen könntest. In manchen Unternehmen gilt die Bitte um Unterstützung als Eingeständnis der eigenen Inkompetenz und Unfähigkeit. In Wahrheit ist sie jedoch ein Zeichen des Selbstvertrauens, der Lernbereitschaft und des Bestrebens, es richtig zu machen.

4. Fähigkeit: Bitte in der 4. Zone um Feedback und vergiss nicht, Erfolge zu feiern

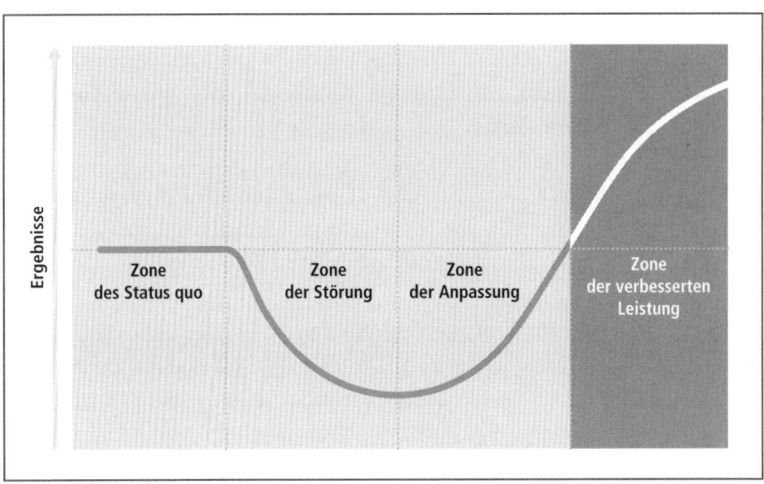

Sobald ihr die Zone der verbesserten Leistung erreicht, seht ihr die Vorteile der Veränderung, durch die ihr euch gekämpft habt. Ihr übernehmt die Kontrolle und nutzt die Neuerungen zu eurem Vorteil. Jetzt werden die Ergebnisse allmählich besser als vor dem Beginn der Veränderung. Nun lenken sogar deine kritischsten Mitarbeiter ein. Auch diejenigen, die alles negativ gesehen haben, entwickeln jetzt eine positivere Einstellung – und sei es auch nur, weil ihnen keine Wahl bleibt. Die Vorteile, die das Management von Anfang an erkannt hat, werden jetzt für alle offensichtlich. Das ist der Zeitpunkt, um euren Erfolg zu feiern! Es ist jedoch nicht die Zeit der Selbstgefälligkeit und des Hände-in-den-Schoß-Legens. Die Lektionen aus euren Erfolgen und Fehlern können euch den Weg zu immer weiter verbesserten Leistung ebnen.

Was hast du über die Fähigkeiten und Persönlichkeiten deiner Mitarbeiter gelernt? Wie kannst du dieses Wissen auch außerhalb des Veränderungsprozesses nutzen? Gibt es in deinem Team Mitarbeiter mit besonderen Führungs- oder Kommunikationsfähigkeiten, von denen bislang keiner etwas wusste? Hat die Offenheit gegenüber Ängsten und Emotionen eine neue Form des Miteinanders in eurem Team geschaffen? Wie könnt ihr diesen Zusammenhalt für künftige Projekte nutzen? Hast du aus dem Stegreif Prozesse und Lösungen entwickelt, die sich als echte Glücksfälle erwiesen haben?

Erstelle gemeinsam mit deinem Team eine Liste mit Dingen, die während des Veränderungsprozesses funktioniert beziehungsweise nicht funktioniert haben. Geht die Liste miteinander durch und fragt euch: Welche Punkte könnten uns helfen, unsere Leistung noch weiter zu steigern?

Sammle Feedback dazu, wie du deine Mitarbeiter noch besser durch die Veränderung steuern kannst. Ideen dazu liefert dir die 4. Methode – »Schaffe eine Feedback-Kultur«.

Setz dir neue Ziele. Es kann sein, dass du infolge der Veränderung neue Ziele für deine Mitarbeiter und dich formulieren musst. Anregungen dazu gibt dir der Abschnitt zur 3. Methode – »Richte dein Team auf Ergebnisse aus«.

Mach dich bereit für künftige Veränderungen. Früher oder später wird es weitere Veränderungen geben. Überleg dir: Was haben deine Mitarbeiter und du aus dem aktuellen Veränderungsprozess gelernt? Wie könnt ihr euch besser auf zukünftige Veränderungen vorbereiten? Was

> **GUT ZU WISSEN!** (?)
> ------
>
> **Was ist, wenn die Veränderung scheitert?**
>
> *Vielleicht fragst du dich, warum wir hier von der Zone der verbesserten Leistung reden, wenn 75 Prozent aller Veränderungsinitiativen scheitern. Ganz einfach: Man kann die Erfolgschancen deutlich erhöhen. Die entscheidenden Stellschrauben dafür sind die Ausbildung der Mitarbeiter, die Qualität der verwendeten Technologien, der Zugang zu Informationen und die Erfahrung der Unternehmensleitung bei der Steuerung von Veränderungsprozessen. Um Jim Collins in* Der Weg zu den Besten *zu zitieren: »Disziplinierte Mitarbeiter, diszipliniertes Denken und diszipliniertes Handeln« – das ist der Name des Spiels.*
>
> **TODD**

könnt ihr tun, um die Zonen der Veränderung schneller zu durchlaufen? Hier ein paar Gedanken dazu:

- Welche Fehler wären vermeidbar gewesen?
- Welche Tipps sollten wir uns für künftige Veränderungen merken?
- Welche Arten von Widerstand hat es gegeben und warum?
- Wie könntest du in Zukunft effektiver mit den Emotionen deiner Mitarbeiter umgehen?
- Nehmen wir an, du würdest eine »Gebrauchsanleitung für Veränderungen« für dein Team erstellen. Welche Tipps und Ideen würdest du hier auf jeden Fall bringen?
- Erörtere gemeinsam mit deinem Team, wie »kurz und flach« eure Veränderungskurve war. Wie lange wart ihr in den einzelnen Zonen? Wo habt ihr Zeit verloren? Was könnt ihr daraus lernen?

Fragt euch immer wieder: »Was könnten wir besser machen?« Lasst das zur festen Gewohnheit werden. Setzt eure besten Ideen konsequent um. Schafft eine Teamkultur, in der konstruktives Feedback eine Selbstverständlichkeit ist. Das lohnt sich. Denn so sind deine Leute darauf vorbereitet, offen zu kommunizieren, sobald die nächste Veränderung naht. Nutz deine 1-zu-1-Gespräche mit Mitarbeitern, um Lern- und Entwicklungsziele abzustecken. Das hilft euch, mit den Veränderungen in eurer Branche Schritt zu halten.

Deine Aufgabe ist es, deine Mitarbeiter so durch die Veränderung zu steuern, dass sie sich schnell anpassen und so bald wie möglich bessere Leistungen erzielen. Das Ganze hat aber auch noch einen positiven Nebeneffekt für dich: Indem du unter Beweis stellst, dass du in unsicheren Zeiten zur Höchstform aufläufst, beschleunigst du vermutlich auch deine eigene Karriere als Führungskraft.

5. Methode: Tools für die Praxis

Fragebogen: Anpassung an die Veränderung

Veränderungen folgen häufig so dicht aufeinander, dass du vielleicht gar nicht dazu kommst, die Situation in Ruhe zu durchdenken. Das solltest du aber auf jeden Fall versuchen. Denn es hilft dir und deinen Mitarbeitern, sich an künftige Veränderungen anzupassen. Notier dir deine Antworten auf die folgenden Fragen. Gib diesen Fragebogen auch deinen Mitarbeitern, damit sie sich Gedanken über ihre eigenen Antworten machen können.

Datum:	Veränderung:
In welcher Zone dieser Veränderung befinde ich mich gerade? In welchen Zonen sind meine Mitarbeiter? Markiere die entsprechenden Punkte auf der Veränderungskurve jeweils mit einem Kreuz:	Ergebnisse — Zone des Status quo / Zone der Störung / Zone der Anpassung / Zone der verbesserten Leistung
Was weiß ich über die Veränderung, über ihre Gründe und ihre Folgen für mich und mein Team?	
Was weiß ich noch nicht über die Veränderung, ihre Gründe und ihre Folgen für mich und mein Team?	

Wie könnten meine Mitarbeiter und ich von der Veränderung profitieren?	
Welche Hindernisse, Gedanken oder Gefühle könnten mein Team und mich davon abhalten, uns ganz auf die Veränderung einzulassen?	
Was sollten meine Mitarbeiter und ich im Interesse der Anpassung an die Veränderung beginnen, beibehalten oder beenden?	
Wie können wir unsere Leistung messen, um zu sehen, ob die Veränderung tatsächlich die gewünschten Ergebnisse bringt?	
Welche ein bis drei Schritte kann ich unternehmen, um meinem Team und mir die Anpassung an die Veränderung zu erleichtern?	

Praxis-Leitfaden: Veränderungen kommunizieren und Mitarbeiter effektiv informieren

Die Art und Weise, wie du deinen Mitarbeitern eine Veränderung kommunizierst, ist enorm wichtig. Davon hängt ab, ob es deinen Leuten gelingt, die neuen Verhaltensweisen und Prozesse zu verinnerlichen und erfolgreich umzusetzen.

Datum:	Veränderung:
Wie wird sich die Veränderung auf mein Team auswirken?	
Wie kommuniziert die Unternehmensleitung diese Veränderung?	
Welche ein bis drei Aspekte dieser Veränderung könnten für mein Team zum Problem werden?	
Welche ein bis drei Vorteile könnte diese Veränderung meinem Team bringen?	
Wie werden meine Mitarbeiter reagieren, wenn ich sie über diese Veränderung informiere?	

Datum:	Veränderung:

Wie will ich die Veränderung kommunizieren?

Ich werde gleich zu Beginn des Gesprächs so klar, direkt und konkret wie möglich sein. Deshalb sage ich meinem Team:	
Ich werde die Gründe für die Veränderung wie folgt darlegen:	
Ich werde mit folgenden Worten erklären, was die Nachricht für unser Team bedeutet:	
Ich werde nicht schlecht über irgendjemanden reden. Dennoch werde ich folgende Punkte nicht verschweigen:	
Ich werde folgende Fragen stellen, um ein ehrliches Feedback von meinen Mitarbeitern zu bekommen:	

Datum:	Veränderung:

	Wie will ich die Veränderung kommunizieren?
Hilfreiche Formulierungen, wenn ich etwas gefragt werde, auf das ich keine Antwort habe:	
Zum Schluss des Gesprächs werde ich die nächsten Schritte nennen. Ich werde auch sagen, wie ich mir den weiteren Kommunikationsprozess im Hinblick auf die Veränderung vorstelle:	

	Wie gehe ich vor, nachdem ich die Veränderung kommuniziert habe?
Fragen, die ich meinen Mitarbeitern in den nächsten 1-zu-1-Gesprächen stellen will:	
Botschaften, die ich meinen Mitarbeitern einschärfen will:	

Erkenntnisse und nächste Schritte

Lass noch mal alles Revue passieren, was wir zu dieser Methode besprochen haben. Schreib dir gleich auf, was besonders interessant und wichtig für dich als Führungskraft ist:

_____

_____

_____

_____

_____

_____

Wie geht's jetzt weiter? Was wirst du umsetzen? Und wann fängst du damit an? Notier dir gleich zwei oder drei Dinge, die du anpacken wirst. Denk bitte auch dran, realistische Termine und Deadlines für deine nächsten Schritte anzusetzen:

_____

_____

_____

_____

_____

_____

_____

6. Methode
Setze deine Zeit und Energie richtig ein

EINE ANMERKUNG VON SCOTT

Wenn es um diese Methode geht, dann muss ich zugeben: Hier habe ich einigen Nachholbedarf. Allzu lange habe ich der Zeit – meiner eigenen und der meiner Mitarbeiter – nicht die Bedeutung beigemessen, die ihr wirklich zusteht. Erst spät habe ich erkannt, wie wichtig es ist, dass jeder von uns achtsam mit seiner Zeit und seiner Energie umgeht.

Glücklicherweise ist Victoria schon lange Expertin auf diesem Gebiet. Sie unterstützt mich bei meiner persönlichen »Zeit-Umstellung«. Als Führungskraft lebt Victoria allen beispielhaft vor, wie man seine Zeit und seine Energie richtig einsetzt. Victoria coacht ihr Team in Sachen Zeitmanagement und Prioritätensetzung. Zudem achtet sie als erfahrene Yoga-Lehrerin und Lauftrainerin sorgfältig darauf, einen Ausgleich zum stressigen Führungsalltag zu schaffen. Deshalb werde ich das Wort auf den folgenden Seiten an Victoria übergeben.

Übliche Denkweise	Effektive Denkweise
Ich bin zu beschäftigt, um mir Zeit für mich zu nehmen.	Ich setze meine Zeit und Energie klug ein, um meiner Rolle als Führungskraft gerecht zu werden.

Meine Familie hat das Glück, in Schweden ein Anwesen auf dem Land zu besitzen. Hier kommen wir zusammen und heißen Freunde von nah und fern willkommen. Das älteste Gebäude stammt aus dem 15. Jahrhundert. Das Grundstück liegt mitten in den schwedischen Wäldern neben einem kleinen See. Rund um die Gebäude erstrecken sich ausgedehnte Rasenflächen. So beeindruckt die Gäste von der Natur, der Mitternachtssonne und den alten Gemäuern auch sind – die größte Attraktion sind und bleiben unsere Rasenmähroboter.

Mein Vater ist fasziniert von technischen Neuerungen. Deshalb gehörten wir zu den Ersten, die sich Rasenmähroboter anschafften. Die fleißigen Roboter verbringen ihre Tage damit, sich Stück für Stück durchs Gras zu arbeiten, während wir Menschen gemeinsam unsere freie Zeit genießen. Später werden wir unseren Enkeln erzählen, dass wir früher tatsächlich noch einen großen Teil unserer Sommerferien damit verbrachten, die Wiesen mühsam mit der Sense zu mähen.

Dann wird Rasenmähen bestimmt nicht der einzige »Beruf« sein, den es nicht mehr geben wird. Die meisten Berufe, die aus Routinetätigkeiten bestehen, werden bis dahin verschwunden sein. Die Menschen, die sie ausüben, werden nach und nach durch künstliche Intelligenz ersetzt. Ob strategisches, kritisches und vorausschauendes Denken, Kreativität oder emotionale Intelligenz: Unser Erfolg im Berufsleben wird in Zukunft davon abhängen, dass wir von den Fähigkeiten Gebrauch machen, die uns Menschen auszeichnen.

Wenn du Neues lernen und dich weiterentwickeln willst, musst du deine Zeit und deine Energie klug einsetzen. Und falls du als Führungskraft langfristig erfolgreich sein willst, musst du darauf achten, dass auch deine Mitarbeiter sorgsam mit ihrer Zeit und ihrer Energie umgehen. Das wird immer wichtiger. Denn heute arbeiten wir mehr und brennen schneller aus als jemals zuvor. Gallup berichtet, dass mittlerweile zwei Drittel der Beschäftigten Burn-out-gefährdet sind.[11] Ich fürchte, auch ich bin in die Falle getappt, meine eigenen Bedürfnisse nach Ruhe und Erholung zu ignorieren. Das war eine Lektion, die ich nie mehr vergessen werde.

Als ich mich für eine hochkarätige Stelle als Unternehmenssaniererin bewarb, sagte ich ganz offen, dass ich zwei kleine Kinder habe. Ich betonte, dass ich täglich zum Abendessen zu Hause sein musste. Das war kein Problem – und ich bekam den Job. Ich konnte es gar nicht abwarten, mich in die Arbeit zu stürzen. Mein Traum war, innerhalb von sechs Monaten die ersten größeren Erfolge vorweisen zu können.

Mit diesem Ziel vor Augen erschien ich täglich um 7 Uhr im Büro. So konnte ich mein Pensum schaffen und dennoch rechtzeitig zum Abendessen zu Hause zu sein. Schon bald saß ich um 6.30 Uhr an meinem Schreibtisch. Und dann immer früher. Eines Tages schaute ich beim Hochfahren meines Computers zufällig auf die Uhr. Es war 5.23 Uhr!

Niemand sagte mir: »Victoria, du musst täglich 13 Stunden arbeiten.« Aber ich war ehrgeizig und fest entschlossen, mein Ziel zu erreichen.

Nach einigen Wochen im neuen Job spürte ich plötzlich einen stechenden Schmerz in meinen Augen. Es wurde immer schlimmer. Nachdem mich meine Mitarbeiter und meine Familie dazu gedrängt hatten, ging ich schließlich zum Arzt. Der meinte: »Kein Wunder, dass Sie Schmerzen haben. Sie haben eine Bindehautentzündung, eine Nebenhöhlenentzündung, eine Trommelfellentzündung und Fieber.« Ich weiß noch, wie ich mich ins Bett verkroch. Zum ersten Mal seit Wochen kam ich zur Ruhe. Ich war so erschöpft, dass ich dachte: »Ah, wie schön – endlich kann ich ausspannen!« Und das trotz Schmerzen und Fieber.

Ich litt nicht nur körperlich, sondern auch seelisch. Das Ziel, das Unternehmen auf Vordermann zu bringen, lag in weiter Ferne. Ich setzte mich selbst unter Druck, schnell Ergebnisse zu liefern. Aber meine Strategie, mir keine Pause zu gönnen, arbeitete gegen mich.

Mein Verhalten musste sich ändern. Ich konnte nicht länger jeden Tag um vier Uhr morgens aufstehen. Aber was sich wirklich ändern musste, war meine Denkweise – mein *Paradigma*. Ich musste einsehen, dass der Raubbau an meiner Gesundheit sicherlich nicht zu besseren und schnelleren Ergebnissen führte. Also beschloss ich, in Zukunft nicht härter, sondern cleverer zu arbeiten. Ich wollte meine Arbeitsstunden auf ein vertretbares Maß zurückschrauben, um noch Zeit für mich und meine Familie zu haben. Und wenn das nicht reichte? Dann war die Aufgabe vielleicht doch nicht das Richtige für mich.

Bitte versteh mich nicht falsch. Ich will nicht sagen, dass wir alle Jobs, die uns auslaugen, einfach so hinwerfen können. Aber wir können einige Aspekte im Beruf ändern, um unsere Zeit und unsere Energie klüger einzusetzen. Und ganz ehrlich: Hätte ich weiter Raubbau an mir selbst betrieben, hätte ich meinen Job ohnehin nicht mehr lange machen können.

Ich arbeitete immer noch hart, aber ich gab nach und nach einige unwichtigere Aufgaben ab. Es dauerte etwas länger als ursprünglich gedacht. Doch am Ende erzielte ich die Ergebnisse, die ich mir vorgenommen hatte. Und was noch wichtiger war: Meine Gesundheit und mein Familienleben litten nicht länger unter meiner Arbeit.

Sehr viele Menschen haben Mühe, ihre Arbeit, ihr Privatleben und ihre Gesundheit in Einklang zu bringen. Vermutlich gehören auch einige deiner Mitarbeiter dazu. In fast allen Unternehmen ist diesbezüglich ein Umdenken gefragt. Vielleicht musst du als Führungskraft hier Pionierarbeit leisten. Wahrscheinlich weißt du sogar schon, was du tun müsstest, um deine Zeit und deine Energie klüger einzusetzen. Aber Wissen und Tun sind oft zwei sehr verschiedene Dinge.

Je höher deine Führungsposition, desto wichtiger wird es, dass du dir darüber im Klaren bist, wie du Arbeit, Privatleben und Gesundheit im Gleichgewicht halten willst. Mach nicht denselben Fehler wie ich. Vernachlässige deine Gesundheit, deine berufliche Weiterentwicklung oder dein Privatleben nicht. Werde dir deiner Bedürfnisse bewusst. Achte darauf, alle drei Bereiche in Balance zu halten. Und: Zeig deinen Mitarbeitern, wie man das am besten machen kann.

In diesem Kapitel findest du viele praktische Vorschläge. Was für dich am besten funktioniert, hängt stark von deiner Persönlichkeit und deinen Vorlieben ab. Zunächst wollen wir dir zeigen, wie du deine Energie klug einsetzen kannst. Danach kommen wir dann zum Zeitmanagement. Am Ende des Kapitels sprechen wir darüber, wie du deinen Mitarbeitern helfen kannst, ihre Zeit und ihre Energie richtig einzusetzen. Bitte denk dran, dass deine Leute sehr wahrscheinlich andere Prioritäten und Bedürfnisse haben als du. Schau einfach, welche Tipps und Prinzipien am besten zur dir und deinem Team passen.

1. Fähigkeit: Setze deine Energie richtig ein

Vor ein paar Jahren stöberte ich ein bisschen auf unserem Dachboden. Dabei fand ich eine Bücherkiste mit einem uralten Haushaltsratgeber von meiner Großmutter. Ich schlug das Buch auf – in der Erwartung, dort viele komplett überholte Ratschläge zu finden. Als ich zum Abschnitt über die Gesundheit kam, stellte ich zu meiner Überraschung fest, dass der Text ganz und gar nicht veraltet war. Er hätte auch von heute stammen können. Im Prinzip lautete die Empfehlung: »Mach jeden Tag Sport – am besten in Form von etwas Morgengymnastik. Iss nicht zu viel Zucker und verzichte möglichst auf Weißmehl.«

Während meiner Ausbildung zur Yoga-Lehrerin lernte ich die Veden kennen. Das sind seit Jahrtausenden überlieferte heilige Sanskrit-Texte. Ein ums andere Mal rief ich aus: »Wow! Das ist genau das, was wir auch unseren Führungskräften beibringen.« Theorien, von denen ich dachte, dass sie neu und innovativ sind, existierten schon seit Urzeiten. Der Unterschied ist, dass wir sie heute mit Hilfe der Gehirnforschung belegen können.

Die meisten von uns haben keine Schwierigkeit, alle Dinge aufzuzählen, die uns gut tun und uns neuen Schwung verleihen: sieben bis acht Stunden täglich schlafen, viel Obst und Gemüse essen und uns regelmäßig bewegen. Unsere Regale sind voller Bücher zu dem Thema, Podcasts und Blogs liefern uns täglich Neuigkeiten dazu und immer mehr wissenschaftliche Studien unterstreichen die Notwendigkeit, Ausgleich zum Alltagsstress zu schaffen. Wenn wir das alles so genau »wissen«, warum ist dann die Burn-out-Rate unter den Beschäftigten heute höher denn je?

Im Lauf der Jahre habe ich unzählige Führungskräfte kennen gelernt, die Probleme mit der richtigen Balance zwischen Arbeit und Ausgleich hatten. Dafür gibt es eine Reihe von Gründen. Manche Menschen stellen ihre eigene Gesundheit zurück, weil sie glauben, ganz und gar für ihre Mitarbeiter da sein zu müssen. Andere schauen nicht nach rechts und links, weil sie Feuer und Flamme für ihren Beruf sind. Einige arbeiten rund um die Uhr, weil sie Angst haben, dass sie ihren Job verlieren, wenn sie nicht permanent Höchstleistungen bringen. So oder so – es gibt etliche Tipps, wie du deinen Energiebedürfnissen besser gerecht werden kannst. Auf den folgenden Seiten werden wir dir einige Tools und Ideen vorstellen. Probier einfach aus, was dir am besten hilft, deinen Energiehaushalt zu steuern.

Finde mehr über deine persönliche Energie- und Leistungskurve heraus.
Hochphasen, Talsohlen und Erholungszeiten: Erinnerst du dich noch an Daniel H. Pinks Ideen zur täglichen Leistungskurve, über die wir im Zusammenhang mit der 2. Methode gesprochen haben? Es lohnt sich, wenn du mehr über deine Energie- und Leistungskurve herausfindest. Achte auf die Tagesabschnitte, in denen dein Energielevel besonders hoch oder besonders niedrig ist. Schau während der nächsten ein oder zwei Wochen, ob du ein bestimmtes Muster erkennen kannst. Gibt es

ein Muster? Dann versuch, deine Hochphasen für anspruchsvolle Aufgaben zu nutzen. Beschäftige dich in den Talsohlen mit einfacheren Dingen oder Routinetätigkeiten.

Scott hat geschrieben, dass seine optimale Zeit für 1-zu-1-Gespräche der Vormittag ist. Auch du solltest dir überlegen, mit welchen Mitarbeitern du im Energierhythmus übereinstimmst und mit welchen nicht. Wie beeinflusst die Tageszeit die Qualität deiner 1-zu-1-Gespräche oder anderer wichtiger Meetings? An welchen Tagen warst du voller Energie und an welchen warst du ziemlich am Boden? Wie wirkt sich das Arbeitsumfeld – Büro oder Home Office – auf dein Energielevel aus?

Nachdem du deinen Hochs und Tiefs auf die Spur gekommen bist, folgt der nächste Schritt: Frag dich nach den Gründen für den Verlauf deiner Energie- und Leistungskurve. Was hast du gemacht, bevor du eine Hochphase oder ein Tief hattest? Was hast du nicht getan? Welche Rolle spielten das Umfeld, die Ernährung oder die Bewegung? Hast du nach einem Meeting bewusst darauf geachtet, die Besprechung und ihre emotionale Wirkung hinter dir zu lassen?

Denk an deinen Job. Welche Aufgaben oder Ereignisse geben dir am meisten Energie? Was macht dir Freude? Welche Aufgaben und Zuständigkeiten kosten dich am meisten Kraft? Wann fühlst du dich bei der Arbeit gut? Wann hast du das letzte Mal von Herzen gelacht?

Schau dir deine Hochs und Tiefs näher an. Welche Aktivitäten solltest du auf Tageszeiten legen, in denen du voller Energie bist? Welche Möglichkeiten würden sich ergeben, wenn du deine Tage oder Wochen neu strukturieren könntest? Solltest du eine wichtige Tätigkeit vielleicht auf einen anderen Zeitpunkt verlegen? Gibt es Dinge, die dir Angst machen und die du auf die lange Bank schiebst? Was kannst du tun, um sie erträglicher zu machen?

Ich versuche, diese Fragen bei der Terminierung meiner 1-zu-1-Gespräche und beim Blocken von Zeiten für kreative Aufgaben oder eintönige administrative Tätigkeiten zu berücksichtigen. Bevor ich mich mit etwas beschäftige, das meine volle Aufmerksamkeit erfordert, mache ich häufig einen kurzen flotten Spaziergang. So kann ich etwas frische Luft schnappen und meinen Kopf freibekommen.

Wir alle haben unsere eigene innere Uhr. Sie gibt den Takt vor und bestimmt, zu welcher Tageszeit wir besonders kraftvoll, kreativ oder konzentriert sind. Ideal ist es, wenn du das bei deiner Zeitplanung berücksichtigst. Allerdings sind viele Führungskräfte schon froh, wenn sie im Kalender überhaupt Platz für alle ihre Verpflichtungen finden. Deshalb solltest du dieses Thema als längerfristiges Projekt sehen und deine Planung nach und nach auf deine innere Uhr abstimmen.

Die 5 Energiequellen

Die meisten von uns wünschen sich mehr Energie. Deshalb wollen wir uns die 5 Energiequellen anschauen, die wir erstmals in unserem Bestseller *Die 5 Entscheidungen – Prinzipien für außergewöhnliche Produktivität* und dem dazugehörigen Workshop-Programm vorgestellt haben:

- Schlaf
- Entspannung
- Beziehungen
- Bewegung
- Ernährung

Nimm dir einen Augenblick, um dich in Bezug auf die 5 Energiequellen selbst einzuschätzen. Notier dir auch gleich die Ziele, die du im Hinblick auf jede dieser Quellen erreichen willst. Achte darauf, dass deine Ziele messbar sind. Denk bitte auch daran, dass alle fünf Bereiche eng miteinander verknüpft sind. Du kannst diese Selbsteinschätzung regelmäßig durchführen – es handelt sich nicht um einen Einmaltest. Wir empfehlen dir, das alle sechs Monate zu tun.

6. Methode: Tools für die Praxis

Selbsteinschätzung: Dein persönliches Energie-Audit

Wie effektiv nutzt du deine wichtigsten Energiequellen? Bitte schätz dich in den folgenden 5 Bereichen selbst ein. 0 steht für »nie« und 10 für »immer«. Nimm dir vor, dich in den Bereichen, in denen du dir geringe Werte attestierst, zu verbessern.

Punkte pro Bereich: 0 – 6 = PROBLEMZONE   7 – 15 = DURCHSCHNITT   16 – 20 = SPITZENKLASSE

Schlaf

Ich bekomme jede Nacht ungefähr gleich viel Schlaf und habe am Wochenende keinen Nachholbedarf.

1 2 3 4 5 6 7 8 9 10

Ich schlafe jede Nacht tief und fest.

1 2 3 4 5 6 7 8 9 10

Was ich verbessern könnte:

Deine Punkte: _____

Entspannung

Ich habe effektive Strategien, um Stress zu bewältigen.

1 2 3 4 5 6 7 8 9 10

Mein Lebensstil hilft mir, gut mit Stress umzugehen.

1 2 3 4 5 6 7 8 9 10

Was ich verbessern könnte:

Deine Punkte: _____

Beziehungen

Ich nehme mir ausreichend Zeit für die Menschen, die mir wichtig sind.

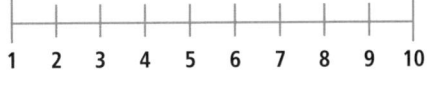

Ich habe berufliche Beziehungen, die mir etwas bedeuten.

Was ich verbessern könnte:

Deine Punkte: _____

Bewegung

Ich stehe während der Arbeit regelmäßig auf und bewege mich.

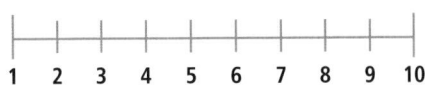

Ich habe berufliche Beziehungen, die mir etwas bedeuten.

Was ich verbessern könnte:

Deine Punkte: _____

Ernährung

Ich achte auf eine gesunde, nährstoffreiche Ernährung.

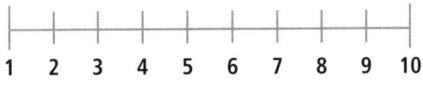

Ich ernähre mich so, dass ich den ganzen Tag gut mit Energie versorgt bin.

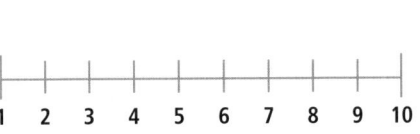

Was ich verbessern könnte:

Deine Punkte: _____

Schau dir jetzt bitte deine niedrigen Werte an: Gibt es etwas, das du unmittelbar tun kannst, um eine deiner Energiequellen zu fördern? Könntest du deinen Lebensstil noch heute so verändern, dass du davon schon in den nächsten Stunden oder Tagen profitierst?

Geringe Werte stehen für die Chance, deine Energie in diesem Bereich gezielt zu erhöhen. Hier kommen unsere besten Tipps, wie du deine Werte bei den einzelnen Energiequellen verbessern kannst.

Schlaf

- **Mach dir klar, wie wichtig der Schlaf für deine Gesundheit und für die Leistungsfähigkeit deines Gehirns ist.** Der bekannte Neurowissenschaftler Dr. Daniel Amen nutzt ein sehr einprägsames Bild für den Schlaf. Er sagt, dass unser Gehirn jede Nacht gleichsam »gewaschen« wird.[12] Sieben Stunden Schlaf sind die Norm. Lass dir bitte nicht einreden, dass vier Stunden genug sind. Das wird zwar oft behauptet, ist so aber nicht richtig.
- **Schaffe deine persönliche »Ruhezone« vor dem Schlafengehen. Finde eine Routine, die dir den Übergang vom aktiven Tun in einen erholsamen Schlaf erleichtert.** Ich persönlich schalte mein Smartphone aus und »parke« es weit weg von meinem Bett. Wenn es in Reichweite ist, schaffe ich es einfach nicht, die Finger davon zu lassen. Zudem mache ich mir eine Tasse Kräutertee und schreibe ein paar Zeilen in mein Tagebuch. Hier fasse ich die wichtigsten Ereignisse des Tages kurz zusammen. Wenn es nicht allzu spät ist, lese ich noch ein bisschen. Dabei vermeide ich Wirtschafts- und Managementbücher. Sie erinnern mich an die vielen Dinge, die ich für den nächsten Tag auf meiner To-do-Liste stehen habe. Deshalb lese ich abends nur Belletristik. Eine kleine Warnung: Wenn das Buch zu gut ist, arbeitet es gegen mich. Dann kann ich es nicht mehr aus der Hand legen und bekomme nicht genügend Schlaf, weil ich noch ewig lese.
- **Entspannende Aktivitäten wie Yoga oder Meditation können ebenfalls eine gute Einschlafhilfe sein.** Ich vermeide es, abends zu joggen oder zu trainieren. Danach bin ich hellwach und kann nicht schlafen. Das kann bei dir ganz anders sein. Probier einfach aus, welche Aktivitäten dir helfen, herunterzufahren.

- **Möglicherweise hilft dir auch eine Schlaf-App.** Aber Achtung: Nutz die App nicht als Ausrede, um dein Smartphone zu checken und Textnachrichten oder E-Mails zu lesen.
- **Schreib gleich einen Tipp auf, den du dir selbst geben möchtest, um deinen Schlaf zu verbessern:**

_____

_____

Entspannung

- **Verwechsle Entspannung nicht mit Eintönigkeit.** Wenn du unter Entspannung stundenlanges Streaming, endlose Gaming-Marathons oder ewiges Rumgammeln auf der Couch verstehst, ist das womöglich kontraproduktiv. Im schlimmsten Fall raubt dir diese Art der »Entspannung« mehr Energie, als sie dir gibt. Achte darauf, wie du dich danach fühlst. Fit und voller Tatendrang? Wenn nicht, solltest du diese vermeintlich »entspannenden« Tätigkeiten durch etwas ersetzen, das dir tatsächlich neuen Schwung verleiht.

_ _ _ _ _ _ _

Nach einer extrem anstrengenden Woche machte ich es mir am Freitagabend mit einem Film und einem großen Vorrat an Bonbons auf dem Sofa gemütlich. Am nächsten Morgen wachte ich auf – und lag noch immer auf der Couch. Um mich herum waren über 100 Bonbonpapiere verstreut. Keine Übertreibung! Ich war total fertig und erschöpft.

Hast du auch »Entspannungsrituale«, die dich in Wahrheit nur noch mehr runterziehen? Vielleicht könntest du sie durch etwas ersetzen, das dir mehr Spaß, Schwung, Kreativität oder Geselligkeit bringt?

TODD

_ _ _ _ _ _ _

- **Leg tagsüber ein paar Mini-Pausen ein.** Bevor ich in ein Gespräch gehe oder ein wichtiges Telefonat führe, atme ich ein paar Mal tief durch. So bekommt mein Gehirn mehr Sauerstoff und ich kann mich besser konzentrieren. Dieser Effekt ist auch wissenschaftlich bestätigt. Doch die meisten Menschen halten unwillkürlich den Atem an, wenn sie gestresst sind. Viele atmen dann auch wesentlich flacher. Achte darauf, ob dir das auch passiert. Steuere bewusst dagegen. Je mehr Sauerstoff dein Gehirn und dein Körper bekommen, desto besser kannst du deinen Energiepegel aufrechterhalten.
- **Trag deine Auszeiten fest in deinem Kalender ein.** Ich selbst plane regelmäßig einen »Ego-Tag« ein. Das heißt: Ich klinke mich aus dem Alltag aus und suche mir einen schönen Ort, um in Ruhe nachdenken zu können. Auch Todd und Scott tun das regelmäßig. Todd nennt das seinen »Ich-Tag« und Scott spricht von seiner »Klausurtagung mit sich allein«. Es muss kein Luxus-Spa sein. Einmal hatte ich einen wunderbaren Ego-Tag in der leeren Küche meiner Eltern. Halte Zwiesprache mit dir selbst: Bist du auf Kurs, was die Ziele betrifft, die du dir selbst gesteckt hast? Stimmt die Richtung? Wenn dir eine extrem hektische Zeit bevorsteht, solltest du danach unbedingt einen Ego-Tag einplanen. Block den Termin frühzeitig in deinem Kalender. Das ist wichtig. Wenn du den Ego-Tag nicht einträgst, wird er auch nicht stattfinden.
- **Lerne neue Dinge.** Die Investition in dich selbst sollte sich nicht nur auf Entspannung und Erholung beschränken. Mach etwas für deine Weiterbildung. Beschäftige dich mit spannenden Wissensgebieten oder eigne dir eine neue Fähigkeit an, deren Entwicklung möglicherweise etwas Zeit in Anspruch nimmt. Das ist ein sehr gutes Training für dein Gehirn. Zudem macht es dich vielseitiger. Vielleicht hast du ja Lust, eine neue Sprache zu lernen, ein Buch zu schreiben oder einen Weiterbildungskurs zu besuchen?

Eine Freundin von Scott besuchte eine Fachkonferenz. Sie hatte sich im Saal geirrt und landete in einer Präsentation von leistungsstarken Schiffsmotoren. Die unerwartete Extrarunde fand sie total inspirierend. Seitdem besucht sie einmal im Jahr einen Workshop über ein Thema, von dem sie bislang keine Ahnung hatte. Was für eine tolle Idee! Das hat mich inspiriert. Deshalb habe ich Scott für eine Anime-Konferenz nächsten Winter in Moskau angemeldet.

- **Dein bester Tipp an dich selbst:**

  _____

  _____

Beziehungen

- **Betätige dich ehrenamtlich.** Wie wäre es, wenn du etwas für deine Mitmenschen tust und Bedürftigen hilfst?
- **Investiere in dein soziales Netzwerk.** Deine sozialen Beziehungen helfen dir, dich weiterzuentwickeln. Verbring deine Zeit mit Menschen, die dir Energie geben, statt sie dir zu rauben. Geh deine Liste von »Freunden« durch – vielleicht ist es an der Zeit, dich von dem einen oder anderen zu verabschieden.
- **Sorge für besondere Momente.** Wenn jemand in unserer Familie Geburtstag hat, schenken wir uns in der Regel nichts. Stattdessen unternehmen wir etwas zusammen. Wir besuchen beispielsweise einen Töpferkurs oder nehmen eine Reitstunde. Gemeinsam machen wir irgendwas, das wir zuvor noch nicht ausprobiert haben. Das ist eine wunderbare Gelegenheit, gemeinsam neue Dinge zu entdecken. Und wie ist es mit dir? Könntest du etwas Ähnliches mit deiner Familie, deinen Freunden oder vielleicht auch mit deinen Mitarbeitern unternehmen?
- **Kümmere dich um jemanden, der größere Probleme hat als du.** Wenn ich gestresst bin oder mich niedergeschlagen fühle, kümmere ich mich um jemanden, der in einer schwierigeren Situation ist als ich. Ich frage ihn, wie ich ihm helfen kann. So treten meine eigenen Probleme in den Hintergrund. Noch wichtiger ist aber, dass sich der andere dann besser fühlt. Zudem ist es eine gute Gelegenheit, die Beziehungen zu anderen wieder aufzufrischen.
- **Welchen Ratschlag gibst du dir selbst, um frischen Wind in deine Beziehungen zu bringen?**

  _____

  _____

Bewegung

- **Betrachte Bewegung als Luxus.** Unsere Gesundheit und unser Wohlbefinden hängen entscheidend davon ab, wie viel wir uns bewegen. Dennoch müssen sich viele regelrecht zum Sport zwingen. In meinen Augen ist Bewegung keine lästige Pflicht, sondern eine Chance. Deshalb habe ich mein Paradigma von »Sport ist Mord« in »Bewegung ist Quality Time« geändert. Jetzt genieße ich den Luxus eines einstündigen Yoga-Kurses oder irgendeiner anderen sportlichen Betätigung und belohne mich selbst mit Bewegung.
- **Pack die vielen kleinen Gelegenheiten beim Schopf.** Bewegung braucht nicht auf das Fitnessstudio beschränkt zu bleiben. Studien zeigen: Die Zeit, die wir gezielt Sport treiben, steht gar nicht an erster Stelle. Wichtiger ist, wie viel Bewegung wir in unseren normalen Tagesablauf integrieren. Sitz also nicht zu lange am Stück an deinem Schreibtisch. Steh zwischendurch immer wieder auf. Auch während meiner Coaching-Sitzungen sorge ich regelmäßig für Bewegung. Beispielsweise lasse ich die Teilnehmer zur Halbzeit zehn Kniebeugen machen.
- **Lass dir von der Technik helfen.** Es gibt tolle Apps für die Gymnastik zwischendurch. Zwanzig Minuten reichen, um frische Energie und fröhliche Gedanken zu tanken. Danach kannst du dich wieder voll konzentriert an die Arbeit machen.
- **Bring dein Herz auf Touren.** Bewegung ist in jeder Hinsicht gesund: Sie fördert deine Ausdauer und macht dich leistungsfähiger. Such dir eine sportliche Aktivität, die dir Spaß macht und dein Herz und deinen Kreislauf ankurbelt.
- **Such dir Partner.** Ein Trainingspartner erhöht die Wahrscheinlichkeit, dass du auch wirklich Sport treibst. Verbinde die Bewegung mit deiner Rolle als Freund, Partner oder Elternteil. Ich spiele mit meinen Töchtern Badminton. Zudem jogge ich mit einer Freundin und wir nutzen die Zeit zugleich zum gegenseitigen Coaching. Für den Fall, dass ich zusätzliche Motivation gebrauchen kann, bin ich auch noch Teil einer Online-Community.
- **Wie lautet dein Rat an dich selbst, um mehr Bewegung in deinen Alltag zu integrieren?**

Ernährung

- **Denk dran: Der Hauptzweck der Ernährung besteht darin, dich mit Energie zu versorgen.** Wir essen nicht allein, um unseren Hunger zu stillen. Es geht auch darum, unseren Körper und unser Gehirn mit Energie zu versorgen. Wenn du nicht sicher bist, was du essen sollst, frag dich einfach: »Was gibt mir mehr Energie?« Vollwertkost beispielsweise spendet dir länger Energie als Fast Food, Obst und Nüsse unterstützen deine Konzentrationsfähigkeit nachhaltiger als Schokolade.
- **Schreib eine Woche lang auf, was du isst.** Wie groß ist der Anteil der energiespendenden beziehungsweise der energieraubenden Nahrungsmittel? Alternativ kannst du deine Essgewohnheiten auch mit einer App auf den Prüfstand stellen.
- **Halt dein eigenes »Fast Food« bereit.** Deponier gesunde Knabbereien in deiner Schreibtischschublade, in deinem Schließfach oder in deiner Tasche. So ist die Versuchung nicht mehr so groß, dich beim übrig gebliebenen Geburtstagskuchen in der Teeküche zu bedienen.
- **Verabrede dich zu gesunden Lunch-Meetings.** Triff dich beispielsweise einmal in der Woche mit einem Kollegen zum Salatessen. Das ist wesentlich besser, als allein am Schreibtisch eine kalte Pizza zu vertilgen. Von den gesunden Lunch-Meetings profitierst du sogar gleich doppelt: Einerseits ernährst dich gesund, andererseits pflegst du auch noch deine Beziehungen.
- **Bereite dich auf das Hungerloch nach der Arbeit vor.** Die Gefahr, zu ungesundem Essen zu greifen, ist besonders groß, wenn du müde und gestresst von der Arbeit nach Hause kommst. Dann isst man schnell mal Chips und Süßigkeiten. Das kannst du leicht verhindern, indem du dir einen Vorrat an gesunden Snacks und Mahlzeiten anlegst.
- **Was empfiehlst du dir selbst, um dich gesund und energiereich zu ernähren?**

_____

_____

Möchtest du noch eine weitere Energiequelle zur Liste hinzufügen? Dann überleg einfach, was dir besonders viel neue Energie gibt, wenn du unter Stress stehst.

Sieh die Frage der Energie langfristig. Wahrscheinlich gibt es auch bei dir im Job und im Privatleben Zeiten, die hektischer sind als andere. Unser Kollege Roger Merrill, Mitautor des Buches *Der Weg zum Wesentlichen*, spricht von »Zeiten des saisonalen Ungleichgewichts«. Dazu fallen dir wahrscheinlich sofort einige Beispiele ein: die Fälligkeit der Steuererklärung für Arbeitnehmer, der Bau eines Hauses für ein junges Paar oder die Geburt eines Kindes für die Eltern. Das können sehr spannende, aber auch sehr anstrengende Zeiten sein. In solchen Phasen machen wir bei bestimmten Prioritäten und Zielen Abstriche – und der Besuch des Fitnessstudios muss meistens als Erstes dran glauben.

PROBIER ES AUS!

Bring alles bald wieder ins Lot

Wann kommt es zu Zeiten des saisonalen Ungleichgewichts in deinem Leben? Steckst du gerade in so einer Phase? Was könntest du tun, um alles wieder ins Lot zu bekommen?

TODD

Nachdem wieder etwas mehr Ruhe eingekehrt ist, vergessen wir oft, unsere übrigen Prioritäten wieder zu ihrem Recht kommen zu lassen. Bevor wir es merken, wird aus dem Ungleichgewicht die neue Normalität. Das passiert, obwohl es meist weder notwendig noch nachhaltig ist. Sich wieder zu »fangen«, wenn die Hektik nachlässt, ist schwierig. Aber es ist extrem wichtig, um deine Gewohnheiten für mehr Energie, Gesundheit und Lebensfreude wieder fest in deinem Alltag zu verankern. Geh wieder ins Fitnessstudio, kümmere dich um deine Beziehungen oder verlass mittags das Büro, um dir eine gesunde Mahlzeit zu gönnen.

Ich habe ja schon erzählt, dass ich einen neuen Job hatte und immer schon im Morgengrauen im Büro war. Nachdem ich erkannt hatte, dass das nicht der richtige Weg ist, arbeitete ich weiter intensiv daran, meine Ziele zu erreichen. Um mich auf meine wichtigsten Aufgaben konzentrieren zu können, musste ich einige Dinge in den Hintergrund stellen. Das heißt nicht, dass ich nie wieder ins Fitnessstudio ging. Es passte für eine Weile einfach nicht mehr in meinen Terminkalender. Doch später hatte ich wieder Zeit für mich. Meine Töchter sind jetzt Teenager und ich habe es geschafft, einen Halbmarathon zu laufen und eine Ausbildung zur Yoga-Lehrerin zu machen. Vor kurzem interviewte Scott die bekannte Fitnessexpertin Jillian Michaels. Sie betonte, dass der Mensch *alles* haben kann – nur eben nicht alles zur selben Zeit.

Phasen des Ungleichgewichts sind okay, solange sie nicht zum Dauerzustand werden. Das Problem beginnt dort, wo eine Gewohnheit daraus wird. Achte also gut darauf, dass das Ungleichgewicht nicht zum festen Bestandteil deines Lebens wird.

PROBIER ES AUS! ✪

Beenden, beginnen oder beibehalten

Gab es in diesem Abschnitt etwas, dem du nicht zustimmen würdest? Hast du das Gefühl, dass du zu viel zu tun hast, um dir Zeit für dich selbst zu nehmen? Schau dir noch mal deine Energie-Selbsteinschätzung und unsere Tipps an. Überleg, was dir Energie schenkt und was dir Energie raubt. Gibt es eine Sache, die du ab sofort beenden, beginnen oder beibehalten könntest, um mehr Energie zu haben?

Als Führungskraft solltest du immer bei dir selbst anfangen. Wenn du Höchstleistungen bringen willst, brauchst du die nötige Energie dazu. Deshalb: Erfülle nicht nur die Versprechen, die du anderen gegeben hast. Halte dich auch an die Dinge, die du dir selbst versprochen hast.

TODD

2. Fähigkeit: Setze deine Zeit richtig ein

Das Zeitmanagement hat sich im Lauf der letzten Jahre stark verändert. Früher haben wir den Leuten beigebracht, wie sie zwischen wichtigen und unwichtigen Dingen unterscheiden und Überflüssiges aus ihrem Kalender streichen können. Damals haben wir dieser neuen Führungskompetenz den Namen »Entscheidungsmanagement« gegeben. Leider gibt es mittlerweile bei den meisten Führungskräften gar nicht mehr so viele Zeitverschwender, auf die sie gut und gern verzichten können. Ein wichtiges Projekt an Land ziehen, einen überforderten Mitarbeiter coachen oder mit der Familie zu Abend essen: Heute haben wir die Qual der Wahl. Denn wir müssen uns zwischen vielen wirklich wichtigen Dingen entscheiden – und das ist gar nicht so einfach!

Plötzlich auftretende Probleme, dringende Aufgaben oder die Erwartungen anderer: Viele verbringen den Großteil ihrer Zeit damit, auf Dinge zu reagieren, die unvermittelt auf sie einstürmen. Ob sie das ihren Zielen näher bringt, spielt keine Rolle. Todd bezeichnet das in seinem Buch *Werde besser* als »Flipper-Syndrom«. In so einem Umfeld ist Zeitmanagement nicht nur eine Frage des Tuns, sondern auch eine Frage des Nicht-Tuns. Das heißt: Du musst klare Prioritäten setzen. Und dann musst du den Mut haben, diesen Prioritäten den Vorrang zu geben und zu allem anderen »Nein!« oder »Nicht jetzt!« zu sagen. Doch das ist etwas, das uns schwerfällt und das manchmal auch sehr riskant sein kann.

Überleg dir, was für eine Führungskraft du sein willst. Um zu wissen, wozu du nein sagen willst, musst du zuerst dein großes Ja kennen: Was ist das Wichtigste für dich? Was sollen deine Mitarbeiter Jahre später über dich sagen? Wie sehen deine Werte und Prioritäten als Führungskraft aus?

Setz deine Prioritäten – und sprich darüber. Wahrscheinlich wirst du kein Problem damit haben, deine Tage mit wichtigen Dingen zu füllen. Ja, ich hoffe, dass dir die Lektüre dieses Buches viele Anregungen gebracht hat, welche wichtigen Themen du in Zukunft angehen möchtest. Aber was ist, wenn du gar nicht weißt, wie du alle diese Dinge in deinen ohnehin schon übervollen Kalender quetschen sollst? Dann macht sich schnell ein Gefühl der Überforderung breit.

Wähle deine Prioritäten sorgfältig aus und entscheide gleichzeitig, was du *nicht* tun willst. Sobald du deine Wahl getroffen hast, solltest du dich unbedingt daran halten. Nur so kannst du deine Ziele im Wirbelsturm deiner täglichen Pflichten erreichen. Ob Vorgesetzte, Kollegen oder Mitarbeiter: Als effektive Führungskraft musst du dich darauf gefasst machen, dass diverse Leute zu dir kommen. Sie hoffen, dass du mit Rat und Tat für sie da sein wirst. Nun liegt es an dir, deine Zeit zu verteidigen. Das kann dir kein anderer abnehmen. Für deine Zeit bist allein du verantwortlich.

Weißt du, wann ich am besten nein sagen kann? Wenn ich genau weiß, was ich stattdessen tun will – und *warum*. Die Fähigkeit, anderen dieses Warum zu vermitteln, wird dir helfen, Zeit für deine Prioritäten zu gewinnen und dennoch deine Beziehungen intakt zu halten.

Anderen deine Prioritäten und Ziele zu erläutern, ist generell eine gute Sache. Wenn du diese Dinge laut aussprichst, werden sie für dich und andere real. Rede also ganz offen mit deinen Mitarbeitern über deine Prioritäten. Achte auch darauf, inwieweit du deine Prioritäten auf die Prioritäten deiner Mitarbeiter abstimmen solltest.

Bleib flexibel, wenn sich etwas Dringendes ergibt. Selbst wenn du dir deine Zeit sorgfältig eingeteilt hast, wird dein Tag nicht nach Plan verlaufen. Egal, in welcher Position oder Branche du arbeitest: Dir werden immer irgendwelche dringenden Dinge über den Weg laufen. Lass also ein wenig Platz für unvorhergesehene Notfälle in deinem Kalender übrig. Wenn du deinen Tag sorgfältig geplant hast, fällt es dir leichter, wieder auf Kurs zu gehen, sobald das Feuer gelöscht ist.

Vermeide die folgenden beiden Extreme: Sei nicht so unflexibel, dass dich Planänderungen völlig aus dem Konzept bringen. Und sei auch nicht so flexibel, dass du geradezu auf Vorwände wartest, um deinen Plan auf den Kopf zu stellen. Bleib beweglich genug, um schnell auf eine E-Mail deines Vorgesetzten reagieren zu können, ohne dass dein Tag komplett aus dem Ruder läuft. Achte zugleich darauf, dass du nicht nach Ablenkungen süchtig wirst. Stufe nicht jede E-Mail mit einem roten Ausrufezeichen als dringend ein, selbst wenn sie es gar nicht ist. Wenn jemand etwas unbedingt sofort von dir will, denk zuerst an deine Prioritäten. Entscheide dann, ob du dich umgehend darum kümmerst oder freundlich erwiderst: »Ich kann das gern später machen, aber nicht sofort.«

PROBIER ES AUS! ⟳

Plane deine Prioritäten

Denk an deine Prioritäten und Ziele. Was kannst du in dieser Woche ganz konkret tun, um der Verwirklichung deiner Ziele näher zu kommen? Trag diese »großen Steine« gleich jetzt in deinen Kalender ein.
Schau dir noch mal die Methoden an, die wir bereits besprochen haben. Welche sind besonders wichtig für die Verwirklichung deiner Ziele? Auch das sind »große Steine«. Deshalb solltest du bei deiner Wochenplanung unbedingt ausreichend Zeit dafür einkalkulieren.

TODD

Plan deine Woche und schaff Zeit für deine Prioritäten. »Wieso soll ich auch noch Zeit in meine Wochenplanung stecken? Ich hab ohnehin schon so viel zu tun. Meine Zeit reicht ja nicht mal für die wichtigsten Dinge!« Denkst du das gerade? Wenn du deine Woche nicht planst, bist du der Hektik des Alltags schutzlos ausgeliefert. Dann reagierst nur noch auf das, was auf dich einstürmt. So hast du keine Chance, selbst zu entscheiden, was dir wichtig ist und was du erreichen willst.

Uns gefällt die Metapher von den »großen Steinen« und dem »Kies«. Vielleicht kennst du sie ja schon? Sie wurde erstmals in den *7 Wegen zur Effektivität* aufgegriffen. So mancher Leser dieses Buches hat wahrscheinlich auch das Video von Dr. Stephen R. Covey dazu gesehen: Stephen hält einen Vortrag und bittet einen Zuhörer, einige große Steine in einen mit Kies gefüllten Behälter zu legen. Doch das funktioniert nicht. Der Behälter ist zu klein. Schon nach wenigen Steinen platzt er aus allen Nähten. Der Mann überlegt. Dann leert er den Behälter und legt zuerst die großen Steine hinein. Erst danach füllt er den Kies ein. Und siehe da – jetzt hat alles Platz!

Die großen Steine symbolisieren deine Prioritäten. Das sind die wichtigsten Tätigkeiten, die du dir Woche für Woche vornimmst, um deine Ziele zu erreichen. Der Kies steht für alle anderen Aufgaben. Was das konkret für deine Wochenplanung bedeutet? Schaff zu Beginn jeder Woche zuerst Platz in deinem Kalender für die »großen Steine«. Füll anschließend die Zwischenräume mit Kies, also mit unwichtigeren Dingen. So verhinderst du, dass die unwichtigen Dinge deinen Kalender komplett ausfüllen. Das ist der Schlüssel, damit dir ausreichend Zeit für deine wirklich wichtigen Aufgaben und Aktivitäten bleibt!

Im Lauf der Jahre habe ich mit sehr vielen Führungskräften am Thema Zeitmanagement gearbeitet. Dabei ist mir aufgefallen, dass viele das Potenzial ihres Planungssystems nicht voll ausschöpfen. Manche verbringen einen Großteil ihrer Zeit mit Meetings. Ein typischer Wochenkalender sieht dann so aus:

Beispiel für einen Wochenkalender: Herkömmliche Planung

	Montag	Dienstag	Mittwoch	Donnerstag	Freitag
06 – 08 Uhr					
08 – 10 Uhr			1-zu-1-Gespräch		
10 – 12 Uhr	Meeting mit dem Team		Kundengespräch	Meeting mit Führungskräften	
12 – 14 Uhr		Mittagessen mit Kunden			
14 – 16 Uhr	Meeting mit IT		1-zu-1-Gespräch		
16 – 18 Uhr	Meeting mit meinem Vorgesetzten				
18 – 20 Uhr					
20 – 22 Uhr					

Was ist hier das Problem? Der Kalender vermittelt den Eindruck, dass die Führungskraft sehr viel unverplante Zeit hat. Andere denken dann, dass sie für dringende Dinge (und weitere Meetings!) verfügbar ist. Vermutlich stimmt das gar nicht. Wahrscheinlich ist die Woche schon ziemlich voll. Doch der Kalender gibt das nicht zu erkennen.

Was also sollte außer Meetings noch in deinem Kalender stehen? Zuerst einmal deine großen Steine. Dann andere Prioritäten, die wichtig, aber nicht allzu dringend sind. Dazu gehören die Arbeit an strategischen Themen oder die Analyse der Wettbewerber. Außerdem solltest du Dinge hinzufügen, von denen du aus Erfahrung weißt, dass sie Zeit brauchen. Typische Beispiele sind die Fahrzeiten zu Kundengesprächen, die Anfertigung von Gesprächsnotizen nach einem Meeting mit deinem Vorgesetzten oder die Vorbereitung deiner 1-zu-1-Gespräche. Du wirst sehen – mit etwas Übung wird es von Woche zu Woche einfacher, alles Wesentliche frühzeitig in deiner Planung zu berücksichtigen.

Überleg dir auch, wann du am meisten Energie hast. Berücksichtige deine Hochphasen bei deiner Planung. Frag dich: Was ist für mich die beste Zeit für Meetings? Wann bin ich besonders kreativ? Und: Welche Tageszeit ist ideal für konzentriertes Arbeiten?

Die effektive Planung vermittelt ein genaueres Bild davon, wie viel Zeit du noch für unerwartete Dinge übrig hast. Wichtig ist auch, dass du Aktivitäten wie Sport oder Zeit mit der Familie in deinen Kalender einträgst. Damit steigt die Wahrscheinlichkeit, dass du diese Dinge tatsächlich machst und sie nicht einfach von irgendwelchen dringenden, aber völlig unwichtigen Aufgaben verdrängt werden.

Vielleicht musst du nie abends nach 18 Uhr arbeiten. Dann kann ich nur sagen: Glückwunsch! Wenn nicht, solltest du deine abendlichen Arbeitsphasen auch in deinen Kalender eintragen. Meine Mutter gab mir schon zu Beginn meines Berufslebens den folgenden Rat: Plan einen langen Abend im Büro ein, um wichtige Dinge zu Ende zu bringen. Wenn du keinen Druck hast, zu einer bestimmten Zeit aufzuhören, fühlst du dich viel selbstbestimmter. Am nächsten Tag kannst du dann früher gehen, wenn du zu Hause gebraucht wirst oder Zeit für dich selbst haben möchtest.

Beschließe, wozu du nein sagen kannst. Sobald du eine realistische Sicht von deiner Woche hast, fällt es dir viel leichter, nein zu sagen. Du kommst auf keinen grünen Zweig, wenn du zuerst den Kies abarbeitest und hoffst, später noch Zeit für die großen Steine zu haben. Entscheide, was dir am wichtigsten ist. Plan dann deine Zeit rund um

Beispiel für einen Wochenkalender: Effektive Planung

	Montag	Dienstag	Mittwoch	Donnerstag	Freitag
06 – 08 Uhr		Joggen		Joggen	Yoga
08 – 10 Uhr	Vorbereitung und Recherche zum Kundentermin am Mittwoch	Morgen zu Hause	1-zu-1-Gespräche	Fokussierte Arbeit an wichtigem Projekt	
10 – 12 Uhr	Teambesprechung zum Thema Veränderungsprozess	Fokussierte Arbeit an wichtigem Projekt	Fahrt zum Kunden / Kundentermin	Management-Meeting	Team-Coaching zu neuem Prozess
12 – 14 Uhr	Fahrt zum Mittagessen und Telefonat mit Mama / Mittagessen mit Kunden	Arzttermin	»Walk-&-Talk«-Meeting	Mittagessen mit Kollegen für Feedback	Wöchentliches Mittagessen mit dem Team
14 – 16 Uhr	Meeting mit IT-Manager zum neuen Prozess	Nachbereitung des Mittagessens mit Kunden	1-zu-1-Gespräche	Vorbereitung des Team-Coachings	Vorbereitung der Teambesprechung und 1-zu-1-Gespräche der nächsten Woche
16 – 18 Uhr	Meeting mit meinem Vorgesetzten			Planung für die nächste Woche	
18 – 20 Uhr	Zeit mit der Familie	Home Office	Zeit mit der Familie	Home Office	Ausgehabend
20 – 22 Uhr				Yoga	

diese Tätigkeiten. Du musst zu einem Teil des Kieses nein sagen. Und ganz ehrlich: Wahrscheinlich wirst du auch eine Auswahl zwischen den großen Steinen treffen müssen.

Aber wie kannst du dich entscheiden, wofür du deine Zeit in dieser Woche investieren willst? Frag dich:

- *Was ist der mögliche Nutzen?* Wenn eine Aufgabe eine hohe Langzeitwirkung hat, empfiehlt es sich, sie schon jetzt zu erledigen. Das gilt auch, wenn sie im Augenblick noch nicht dringend erscheint.
- *Hilft diese Aufgabe meinem Unternehmen, meinem Team oder mir selbst, ein wichtiges Ziel zu erreichen?* Hier ein Beispiel: Ein Mitarbeiter bittet dich um Unterstützung. Wenn du dieser Bitte nachkommst, kann dein Team ein wichtiges strategisches Ziel schneller erreichen. Vermutlich lohnt es sich in diesem Fall, alles andere stehen und liegen zu lassen.
- *Kann das warten?* Wenn ja, ist das vielleicht eine Option. Mach dir aber schon jetzt klar, wann die Sache spätestens erledigt werden muss, bevor das Ganze kritisch wird. Erledige es, ehe es in Stress ausartet.
- *Bin ich der Richtige für diese Aufgabe?* Gibt es jemanden, der mehr Erfahrung hat oder der von der Lernchance profitieren könnte? Dann solltest du die Aufgabe wahrscheinlich delegieren. Mehr dazu findest du im Kapitel zur 3. Methode – »Richte dein Team auf Ergebnisse aus«.
- *Steht es in meinem Kalender, weil es eine leichte Aufgabe ist, die mir mühelos von der Hand geht?* Mal ganz ehrlich: Füllst du deine Woche mit einfachen Dingen, die dir kurzfristig das Gefühl geben, etwas geschafft zu haben? Dann solltest du überlegen, ob du in Wahrheit nicht auf der Stelle trittst.
- *Ist das meine Priorität – oder die eines anderen?* Wie alle Innovationen haben auch digitale Kalender ihre Vor- und Nachteile. Die Möglichkeit, dass alle Kollegen Einblick in deinen Kalender haben, macht die Planung von gemeinsamen Terminen und Meetings sehr viel einfacher. Der Nachteil: Alle anderen können sehen, wann du noch nichts in deinem Kalender stehen hast. Für die freien Zeiten können sie dir ungeniert Termine schicken. Den anderen dann eine Absage zu erteilen, ist oft nicht leicht. Schließlich war der Termin ja noch frei. Wie du so etwas vermeiden kannst? Blocke auch die Zeiten, die du für ungestörtes, konzentriertes Arbeiten brauchst, in deinem Kalender. Wähl die Überschriften für diese Zeiten so aus, dass sie den Kollegen klar signalisieren, dass du hier keine anderen Termine annehmen kannst.

Nimm dir Zeit für deine Tagesplanung. Effektive Führungskräfte investieren etwa 30 Minuten in ihre Wochenplanung. Doch innerhalb einer Woche kann viel Unvorhergesehenes passieren. Termine ändern sich und neue Verpflichtungen kommen überraschend dazu. Deshalb solltest du dir auch Zeit für deine Tagesplanung nehmen. Ein paar Minuten täglich genügen, um den Wochenplan an die aktuelle Situation anzupassen. Wie fühlst du dich heute? Was hast du in den letzten Tagen bereits geschafft? Haben sich deine Prioritäten verändert? Und was ist mit deinen Zielen für diese Woche? Was kannst du tun, um bis zum Ende der Arbeitswoche aus diesen Zielen greifbare Erfolge zu machen?

Die Tagesplanung schützt die Prioritäten, die du für die Woche festgelegt hast. Sie verhindert, dass die wirklich wichtigen Dinge im Alltagstrubel untergehen. Es kann immer wieder passieren, dass ein Notfall oder ein wichtiges Projekt, das mehr Zeit als erwartet in Anspruch nimmt, deine Planung durcheinanderwirbelt. Deshalb ist es enorm wichtig, dass du deine Prioritäten jeden Tag kurz durchgehst und bei Bedarf an die aktuelle Situation anpasst.

Sobald du Zeit für wichtige Aufgaben geblockt hast, kannst du den Rest des Kalenders mit Kies auffüllen. Dazu gehören beispielsweise die Beantwortung von weniger wichtigen E-Mails oder die Nachbereitung von Meetings. Denk bei deiner Planung auch daran, dass du Pausen brauchst, um neue Energie zu tanken. Reservier also auch Zeit für Pausen oder den Plausch mit Kollegen. So verhinderst du, dass aus der kleinen Erholungspause ein 45-Minuten-Gesprächsrundgang durch das komplette Büro wird.

Sobald du deine Tagesplanung fertig hast, kannst du dich deinen wichtigsten Aufgaben widmen. Bleib konsequent dran. Lass nicht zu, dass Ablenkungen und dringende Dinge deine Aufmerksamkeit permanent in Anspruch nehmen.

3. Fähigkeit: Zeig deinen Mitarbeitern, wie sie ihre Zeit und Energie richtig einsetzen

Als Führungskraft solltest du auch darauf achten, dass deine Mitarbeiter sorgsam mit ihrer Zeit und Energie umgehen. Du solltest ein Auge darauf haben, wann die Kreativität nachlässt oder wann deine Leute eine Pause brauchen, um neue Energie zu tanken. Leider unterschätzen viele Führungskräfte, wie wichtig das ist.

GUT ZU WISSEN! (?)

Burn-out vermeiden

Vor einigen Jahren hatte ich eine sehr engagierte Mitarbeiterin. Neben vielen anderen Zuständigkeiten war sie auch für die Ermittlung der Verkaufsprovisionen verantwortlich. Das war keine leichte Aufgabe. Hier kam ein komplexes Provisionssystem zum Einsatz, das viel Zeit und Arbeit erforderte.

Meine Mitarbeiterin war bemüht, alle Aufgaben mit Bravour zu meistern. Als ihr Vorgesetzter sagte ich ihr immer wieder, wie sehr wir ihre Arbeit und ihr Engagement schätzten. Ich sah, wie sie über Wochen von früh bis spät im Büro war und immer mehr Überstunden ansammelte. Zu meinem Bedauern muss ich zugeben, dass ich es damals versäumt habe, rechtzeitig einzugreifen.

Natürlich ist man im Nachhinein immer klüger. Aber ich hätte damals sehen müssen, dass sie dieses Pensum nicht durchhalten konnte, ohne auszubrennen. Genau das passierte dann auch. Schließlich zog sie die Reißleine und kündigte. Das war ein herber Verlust für unser Unternehmen und unser Team.

Am Ende muss jeder Mitarbeiter selbst entscheiden, was er tut. Doch als Vorgesetzter habe ich die Chance verpasst, meiner Mitarbeiterin zu zeigen, wie sie mehr Ausgewogenheit in ihr Leben bringen konnte. Zudem hätte ich einige ihrer Zuständigkeiten an andere delegieren können. Das alles hatte ich mir immer wieder vorgenommen. Doch ich habe es nicht getan.

Ein Burn-out ist eine gravierende Sache. Doch er lässt sich vermeiden. Dazu ist es nötig, dass du als Führungskraft aktiv eingreifst. Geh rechtzeitig auf deine Mitarbeiter zu. Warte nicht, bis es zu spät ist.

TODD

Vielleicht fragst du dich, ob es wirklich deine Aufgabe ist, dir Gedanken um die Gesundheit und das Wohlbefinden deiner Mitarbeiter zu machen. Müssen sie sich nicht selbst darum kümmern? Natürlich kannst du deine Mitarbeiter nicht mit Vitaminen vollpumpen, sie nicht aufs Laufrad stellen und sie auch nicht zu einem ausgewogenen Leben zwingen. Aber du kannst selbst mit gutem Beispiel vorangehen und deinen Mitarbeitern die Tipps und Ideen aus diesem Kapitel vorleben. Zudem kannst du darauf achten, dass du ihre Energievorräte nicht unnötig erschöpfst. Setz deine Mitarbeiter nicht mit unrealistischen Fristen unter Druck, überschütte sie nicht mit viel zu vielen Aufgaben und achte darauf, dass sie nicht permanent Überstunden machen müssen.

Hier sind unsere Tipps, wie du deine Mitarbeiter dazu bringen kannst, achtsam mit ihrer Energie umzugehen:

Sei ein Vorbild

Dein Verhalten als Führungskraft setzt den Maßstab für alle anderen. Bist du immer schon frühmorgens im Büro? Dann werden einige deiner Mitarbeiter glauben, sie müssten noch vor dir da sein. Wenn du bis 20 Uhr bleibst, haben nur wenige deiner Leute den Mut, sich schon um 17 Uhr aus dem Büro zu schleichen.

Was passiert, wenn du deine Erwartungen nicht bewusst, klar und regelmäßig aussprichst? In dem Fall werden deine Leute dein Verhalten als Aufforderung interpretieren, es genauso zu machen. Das Problem ist, dass deine Gewohnheiten möglicherweise die Effektivität deiner Mitarbeiter schmälern. Laut Daniel H. Pink sind rund 20 Prozent der Bevölkerung »Nachteulen«. Die Nachteulen unter deinen Mitarbeitern werden morgens um 7 Uhr gähnend vor ihren Bildschirmen sitzen. Oder Mitarbeiter, die in anderen Zeitzonen leben und arbeiten, machen regelmäßig Überstunden und opfern ihre Freizeit, weil du die Video-Konferenzen in deine persönliche Tageshochphase legst.

— — — — — —

Letztes Jahr hielt ich bei einem großen börsennotierten Unternehmen für Damenmode einen Vortrag vor 1000 Mitarbeitern. Einige Wochen zuvor hatte ich mit der Vorstandsvorsitzenden und ihrem Führungsteam gesprochen, um die Inhalte abzustimmen. Die Vorstandsvorsitzende erklärte mir klipp und klar, dass ich genau eine Stunde und 15 Minuten zur Verfügung haben würde. Die Präsentation lief gut und die Zuhörer stellten viele Fragen. Das war schön, kostete aber auch etwas Zeit. Als ich noch drei Minuten hatte, sagte ich: »Ich möchte ein letztes Konzept vorstellen. Dafür werde ich fünf Minuten brauchen, womit wir dann zwei Minuten über der Zeit wären. Ist das für alle okay?« Ich rechnete fest mit einem klaren Ja. Doch als ich zur Vorstandsvorsitzenden in der ersten Reihe schaute, signalisierte sie mir ein unmissverständliches »Nein«.

Rasch sagte ich scherzend: »Ich habe es mir anders überlegt: Wir werden pünktlich enden!« Alle lachten und ich brachte meine Präsentation genau in der Zeit zu Ende.

Anschließend kam die Vorstandsvorsitzende zu mir und sagte, wie sehr ihr der Vortrag gefallen habe. Und dann wurde mir klar, weshalb sie eine so außergewöhnlich erfolgreiche Führungspersönlichkeit ist. Sie sagte: »Es tut mir leid, dass wir nicht überziehen konnten. Aber einer unserer Kernwerte ist der respektvolle Umgang mit der Zeit unserer Mitarbeiter. Um das allen vorzuleben, habe ich meinen Mitarbeitern ein Versprechen gegeben: Alle Meetings und Veranstaltungen beginnen und enden pünktlich – und das ohne Ausnahme.«

Wow! Ich war beeindruckt. Kein Wunder, dass die herausragenden Führungsqualitäten der Vorstandsvorsitzenden von den Mitarbeitern in den höchsten Tönen gelobt wurden. Das war ein wesentlicher Faktor für den außergewöhnlichen Erfolg des Unternehmens. Es zeigt: Je sorgfältiger wir mit unserer Zeit und Energie umgehen, desto bessere Ergebnisse können wir erzielen! Dazu gehört natürlich auch, dass wir mit gutem Beispiel vorangehen und die Versprechen, die wir unseren Mitarbeitern geben, einhalten.

TODD

− − − − − − −

Sorg für mehr Energie

Bist du schon mal in ein Meeting gekommen, nur um festzustellen, dass alle Mitarbeiter ausgelaugt und müde wirkten? Einer hat gerade erst eine Grippe überstanden, ein anderer hat Probleme in der Familie und der nächste kämpft mit einer schwierigen Aufgabe. Und dann kommst du und willst ein wichtiges Projekt starten. Noch dazu hast du letzte Nacht nicht besonders gut geschlafen …

Das ist der Augenblick, in dem du echte Führungsqualitäten zeigen kannst. Willst du, dass alle noch erschöpfter und gestresster aus dem Meeting gehen? Oder kannst du die Gelegenheit nutzen, um allen etwas positive Energie mit auf den Weg zu geben, so dass sie sich anschließend mit frischen Kräften an die Arbeit machen können?

Ich versuche, solche Situationen immer als positive Herausforderung zu sehen. Beispielsweise beginne ich damit, dass ich betone, was wir schon alles geschafft haben. Oder ich verkünde eine wirklich gute Nachricht. Ich spreche mit meinen Mitarbeitern auch offen darüber, welche Art von Meeting wir uns wünschen. Dabei erkläre ich ihnen, wie unsere gemeinsame Zeit uns Energie schenken oder rauben kann und welche Rolle jedem Einzelnen von uns dabei zukommt.

GUT ZU WISSEN! (?)

Respektier die Prioritäten anderer

Einmal nahm ein Kollege nach einer intensiven Arbeitsphase eine etwas längere Auszeit, um wieder mehr Zeit für seine Familie zu haben. Als er zurückkam, machte sein Vorgesetzter wiederholt sarkastische Anmerkungen zu seinem »Sabbatical«. Da war allen klar: Diese Führungskraft ist kein Freund von längeren Erholungsphasen.

Es steht uns frei, die Arbeits- und Lebensprioritäten anderer nicht zu respektieren. Doch dann werden wir Mühe haben, Top-Talente an Land zu ziehen und im Unternehmen zu halten. Vielleicht hast du persönlich andere Prioritäten? Dennoch solltest du die Prioritäten anderer respektieren und das deinem Team auch vorleben. Wie das geht? Gib deinen Mitarbeitern die Freiheit, ihre eigenen Prioritäten zu setzen. Verlange nicht von ihnen, dass sie sich deinen Prioritäten unterwerfen.

TODD

Achte in deinen Meetings auf die anstehenden Themen und die Energie deiner Mitarbeiter. Erkennst du Zeichen der Müdigkeit? Dann versuch, das Ganze in Fahrt zu bringen. Du brauchst nicht den Cheerleader zu spielen. Meist reichen simple Aktivitäten. Hilfreich ist beispielsweise die Bitte an alle Anwesenden, kurz aufzustehen und ein paar Kniebeugen oder Dehnübungen zu machen. Auch kurze Stegreif-Updates von Freiwilligen oder ein Brainstorming in Zweiergruppen zu einem wichtigen Projekt bringen frischen Schwung in eure Meetings.

Stärke die Beziehungen in deinem Team

Im Zusammenhang mit den 5 Energiequellen haben wir darüber gesprochen, wie wichtig es ist, Beziehungen zu pflegen. Als Führungskraft kannst du viel dazu beitragen – und dazu sind nicht mal mehrtägige Auswärtsveranstaltungen oder intensive Teambildungsmaßnahmen nötig.

In vielen Organisationen gilt es noch immer als unangebracht, sich Details aus dem Privatleben zu erzählen. Allerdings ändert sich das gerade grundlegend. Die Beschäftigten von heute rücken beruflich und privat sehr viel enger zusammen. Häufig verbringen wir sogar mehr Zeit mit Kollegen als mit unseren Familienangehörigen und Freunden.

Es ist ein Gewinn für die *Teamkultur* und die *Produktivität*, wenn du die Beziehungen zwischen dir und deinen Mitarbeitern pflegst. Kleine Dinge können da schon viel bewirken. Wie wäre es zum Beispiel, wenn ihr ab und zu ein Frühstück mit dem ganzen Team veranstaltet oder euch jede Woche reihum im Wechsel eines eurer Hobbys vorstellt?

Hinterfrag dein Paradigma

Als ich eine große Abteilung leitete, kam eine talentierte Uniabsolventin in mein Team. In unserem Kennenlerngespräch meinte sie: »Um es gleich ganz offen zu sagen: Ich bin kein Morgenmensch und ich komme am besten erst nach 10 Uhr ins Büro.« Meine Reaktion war: »Hm, muss das sein?« Ich bin eine Frühaufsteherin. Am liebsten bin ich schon um sieben im Büro. Und ohne es laut zu sagen, dachte ich:

Faulenzer kommen morgens nicht aus den Federn. Ich wünschte, ich könnte behaupten, ich wäre offen für Veränderung. Aber bei dieser neuen Mitarbeiterin war ich vollkommen unnachgiebig.

Heute frage ich mich, warum. Sie wollte nicht weniger arbeiten. Alles, was sie wollte, war *anders* arbeiten. Gegen Abend lief sie vermutlich zur Höchstform auf. Natürlich würde es Tage geben, an denen wir sie um neun im Büro brauchten. Aber an allen anderen Tagen? Warum war ich so unflexibel?

Ihr Arbeitsstil war völlig anders als meiner. Aber das war noch lange kein Grund, mich nicht darauf einzustellen. Unternehmen, die gute junge Leute gewinnen und dauerhaft halten wollen, sollten sich Gedanken über die Energiekurven ihre Mitarbeiter machen. Das ist vermutlich ein Vorteil für alle. Deshalb möchte ich dich dazu anregen, deine eingefahrenen Vorstellungen zu hinterfragen. Natürlich gibt es bestimmte Rollen, beispielsweise an der Kundenfront, wo ihr zu bestimmten Zeiten an bestimmten Orten sein müsst. Aber auch die Vorlieben der Kunden ändern sich. Vielleicht könntet ihr mit neuen Formen der Arbeit euer Angebot sogar verbessern?

Führungskräfte entscheiden selbst, wie sie ihr Leben führen wollen. Für manche hat die Arbeit oberste Priorität. Das ist völlig okay. Doch häufig erwarten sie das auch von allen anderen. So geraten die Prioritäten der Mitarbeiter schnell ins Hintertreffen.

Du kannst immer wieder sagen: »Ihr müsst nicht bis spätabends bleiben, nur weil ich es tue.« Dennoch werden deine Mitarbeiter das Gefühl haben, deinen Erwartungen nicht zu genügen. Sie orientieren sich an dem, was du ihnen vorlebst.

Sprich offen mit deinem Team darüber, wie wichtig eine gesunde Balance zwischen Arbeit und Abschalten, zwischen Höchstleistung und Entspannung ist. Natürlich heißt das nicht, dass du keine Erwartungen mehr an die Leistungen deiner Mitarbeiter stellen sollst. Das ist dein Job als Führungskraft. Aber deine Mitarbeiter erzielen ihre Ergebnisse möglicherweise auf andere Art und Weise als du selbst. Manche arbeiten in mehreren Zeitblöcken über den ganzen Tag verteilt. Andere dagegen versuchen, alles möglichst in einem Stück zu erledigen. Einer meiner Mitarbeiter schaut seiner Tochter jeden Dienstagnachmittag beim Fußballtraining zu. Das ist kein Problem. Bis zum Ende des Tages sind seine Berichte immer zuverlässig fertig. Deshalb: Sei flexibel. Fokussiere dich mehr auf Ergebnisse und weniger auf die Wege, die dazu führen.

TODD

— — — — — — —

Ein abschließender Gedanke: Wer nicht für etwas brennt, kann auch nicht ausbrennen!

Wir denken häufig, dass die unmotivierten Mitarbeiter zuerst ausbrennen. In Wahrheit ist es genau andersherum. Am gefährdetsten sind diejenigen, die »brennen« – die so leidenschaftlich bei der Sache sind, dass sie keine Grenze kennen und sich immer noch mehr Arbeit aufladen.

Ich hatte in meinem Team eine extrem engagierte Mitarbeiterin, die in unseren 1-zu-1-Gesprächen begeistert berichtete, was sie alles machte. Mein Eindruck war, dass es hier für mich wenig zu tun gab. Doch plötzlich meinte sie: »Ich bin nicht sicher, ob ich das alles noch länger schaffe!«

Ich begriff, dass sie meine Hilfe brauchte, um ihre »großen Steine« zu erkennen. Wir nutzten die 1-zu-1-Gespräche der nächsten Monate, um uns ihre Wochenplanung und ihre Prioritätensetzung anzuschauen. Ich habe das Glück, tolle, ehrgeizige und hart arbeitende Mitarbeiter in meinem Team zu haben. Allerdings ist die Versuchung groß, ihnen zu viele Aufgaben zu übertragen, weil sie alles so bereitwillig übernehmen. Wenn du möchtest, dass deine Leute ihre Begeisterung für ihre Arbeit in die richtigen Dinge investieren, musst du ihnen dabei helfen, Prioritäten zu setzen. Frag immer wieder nach: »Wie willst du deine Zeit in der nächsten Woche einsetzen? Was sind deine großen Steine und was solltest du besser von der Agenda streichen – zumindest vorläufig?« So verhinderst du, dass deine Mitarbeiter mit vollem Tempo gegen die sprichwörtliche Wand laufen.

Erkenntnisse und nächste Schritte

Ob Energiequellen oder Zeitmanagement und Prioritäten: Geh noch mal alles in Gedanken durch, was wir zu dieser Methode besprochen haben. Schreib gleich auf, was für dich persönlich am wichtigsten ist.

_____

_____

_____

_____

_____

_____

Was wirst du direkt umsetzen? Notier dir zwei oder drei konkrete Dinge. Denk bitte daran, das Ganze auch in deiner Wochenplanung zu berücksichtigen:

_____

_____

_____

_____

_____

_____

_____

Fazit: Bist du das Genie oder der Genie-Macher?

Todd hat dich in der Einleitung zu diesem Buch gefragt: »Willst du selbst eine spitzenmäßige Führungskraft sein? Oder ist es dir wichtig, dass dein Team von einer wirklich kompetenten Führungskraft geleitet wird?«

Bei der Führungsexpertin Liz Wiseman klingt die Frage so: »Bist du das Genie oder der Genie-Macher?« Für mich ist das eine der entscheidendsten Fragen im Führungskontext überhaupt. Du kannst nicht beides zugleich sein – du musst dich entscheiden.

Wir sind überzeugt: Außergewöhnlich erfolgreiche Führungskräfte sind Genie-Macher. Um ein Genie-Macher zu werden, musst du erst mal herausfinden, welche Art von Führungskraft deine Mitarbeiter brauchen. Das kann etwas völlig anderes sein als das, was du bisher geglaubt hast.

Weißt du, was dein Team tatsächlich braucht? Interessiert es dich? Fragst du deine Mitarbeiter? Hast du ein offenes Ohr dafür? Das erfordert Einfühlungsvermögen und Zuhörbereitschaft. Die Führungskraft der Zukunft ist nicht nur ein einfühlsamer Zuhörer, sie ist auch *flexibel*. Das gilt allerdings nicht für ihre Werte und ihre Ethik, aber für ihren Führungsstil und ihre Führungskompetenzen. Sie findet heraus, wie sie ihre Mitarbeiter am besten unterstützen kann, und entwickelt die Führungsqualitäten, die sie dazu braucht, permanent weiter.

Eine meiner Vorgesetzten hatte großen Einfluss auf meine Karriere. Ich war kurz zuvor zum Personalverantwortlichen befördert worden und hatte meinen 35. Tag in dieser Position. Sie ging auf einen unserer Geschäftsführer zu und sagte: »Ich möchte Ihnen Todd Davis vorstellen.

Lassen Sie mich berichten, was er in seinen ersten 35 Tagen bei uns alles geleistet hat.« Ich bekam Panik. Was würde sie ihm erzählen? Würde sie mich bitten, etwas zu sagen? Mir fiel keine einzige Sache ein, die ich in den letzten 35 Tagen geleistet hatte, die die Aufmerksamkeit der obersten Firmenleitung gerechtfertigt hätte.

Sie sprach dann über die Vertriebsstellen, die ich neu besetzt, die Standortrichtlinien, die ich verfasst, und die Einstellungsstrategie, die ich entwickelt hatte. Ich konnte gar nicht glauben, dass sie so genau wusste, was ich in diesen 35 Tagen alles gemacht hatte.

Ich erzähle das hier nicht, um mich selbst zu loben. Vielmehr berichte ich davon, weil meiner Vorgesetzten meine Leistungen aufgefallen waren. Mehr noch: Diese Frau glaube wirklich an mich – und zwar mehr als ich selbst! Dieser Augenblick gab mir ein völlig neues Selbstvertrauen. Das war einer der wichtigsten Momente in meiner gesamten beruflichen Laufbahn.

Wenn jemand wirklich an dich glaubt, kann das deine Karriere und dein Leben nachhaltig verändern.

Ja, Führung ist keine einfache Sache. Aber sie bietet dir auch die Chance, wunderbare Dinge nicht nur für die Karriere, sondern auch für das Leben deiner Mitarbeiter zu bewirken.

TODD

Vor kurzem lief mir eine meiner ehemaligen Mitarbeiterinnen über den Weg. Sie sagte: »Victoria, da gibt es was, das ich dir niemals vergessen werde. Als ich noch ziemlich neu im Team war, sprachen wir über irgendein Problem und du meintest: ›Das wird wichtig, sobald du Director of Learning and Development bist.‹ Ich hatte mich nicht als künftige Führungskraft gesehen. Aber du sagtest es, als wäre es das Normalste auf der Welt. Es veränderte mein Paradigma von Grund auf. Seitdem wusste ich: Ja, ich kann irgendwann Director werden.« Ihre Augen füllten sich mit Tränen: »Jetzt habe ich es geschafft. Ich bin Director of Learning and Development. Und du hast es schon vor Jahren vorhergesehen!«

Es war ein emotionaler Augenblick für sie. Aber noch mehr für mich. Ich bin zutiefst überzeugt, dass jeder eine richtig gute Führungskraft verdient. Wenn wir uns für die Rolle der Führungskraft entscheiden, sollten wir unser Bestes geben. Wir sollten alles daransetzen, um diese Rolle so gut wie nur möglich auszufüllen. Dann können wir unendlich viel für unsere Mitarbeiter tun.

Das heißt allerdings nicht, dass alle Mitarbeiter ausnahmslos und immer von dir begeistert sein werden. Es wird schwierige Augenblicke geben und dein spezieller Stil und deine Persönlichkeit passen vielleicht nicht zu jedem. Bitte lass dich davon nicht entmutigen!

Nimm die Methoden, Praxis-Tools, Einsichten und Ideen aus diesem Buch. Toppe das alles mit deinem eigenen unverwechselbaren Stil. Dann kannst du als Führungskraft sehr viel bewegen.

VICTORIA

— — — — — — —

Die Methoden aus diesem Buch sind nichts, was du einfach so über Nacht lernen kannst. Mach dich frei von dem Druck, bis zum nächsten Freitag alle 6 Methoden perfekt zu beherrschen. Todd, Victoria und ich haben Jahrzehnte gebraucht, um sie wirklich zu verinnerlichen. Und selbst heute coachen und unterstützen wir uns immer noch gegenseitig bei der Umsetzung.

Eine richtig gute Führungskraft zu werden, erfordert Zeit, Übung und Erfahrung. Auch Selbstzweifel und Rückschläge gehören dazu. Das alles sind Etappen auf dem Weg zur erfolgreichen Führungskraft. Setz dich also nicht allzu sehr unter Druck. Bleib gelassen und sei nachsichtig mit dir selbst. Es wird ein längerer, manchmal auch ganz schön holpriger Weg. Aber wir können dir sagen: Die Mühe lohnt sich!

Tipps und Tools für die Umsetzung

Jetzt ist es Zeit, mit dem Lesen aufzuhören und mit der Umsetzung zu beginnen!

Wir freuen uns, dass du diesen Weg gemeinsam mit uns gehst. Es liegt uns sehr am Herzen, junge Führungskräfte (und überhaupt Führungskräfte aller Ebenen) bei der Umsetzung der Methoden aus dem Buch zu unterstützen. Jetzt hast du die letzten Seiten dieses Buches erreicht. Nun wollen wir darüber sprechen, wie du deine neu gewonnenen Einsichten und Erkenntnisse erfolgreich umsetzen und deinen Führungsstil ab sofort nachhaltig verbessern kannst.

Die Übungen auf den folgenden Seiten zeigen dir, wie du die 6 Methoden Schritt für Schritt zu deinem persönlichen *Aktionsplan* auf deinem Weg zur erfolgreichen Führungskraft zusammenfügen kannst. Wichtig ist, dass du dir noch mal die Erkenntnisse und Schritte ansiehst, die du dir zu jeder Methode notiert hast. Das ist die Basis für deinen Aktionsplan, den du mithilfe der Formulare ganz am Ende dieses Buches aufstellen wirst.

1. Methode

Entwickle die Einstellung einer Führungskraft

Fass deine wichtigsten Erkenntnisse zu dieser Methode kurz zusammen:

_____

_____

Überleg dir, wie du dein Denken in Bezug auf diese Methode verändern kannst:

_____

_____

Kreuz die Schritte an, die du ganz konkret unternehmen wirst. Trag dir gleich entsprechende Termine in deinen Kalender ein.

- ❏ Überprüfe deine Denkweisen anhand der Übungen auf Seite 24.
- ❏ Verwende das Tool »Lerne deine Mitarbeiter besser kennen« von Seite 37–38.

Deine Ideen für zusätzliche Schritte:

❏ _____

❏ _____

❏ _____

❏ _____

2. Methode

Führe regelmäßig 1-zu-1-Gespräche

Fass deine wichtigsten Erkenntnisse zu dieser Methode kurz zusammen:

_____

_____

Überleg dir, wie du dein Denken in Bezug auf diese Methode verändern kannst:

_____

_____

Kreuz die Schritte an, die du ganz konkret unternehmen wirst. Trag dir gleich entsprechende Termine in deinen Kalender ein.

- ☐ Analysiere die Stufen des Engagements deiner Mitarbeiter. Nutze dazu das 6-Stufen-Modell von Seite 42.
- ☐ Schaffe die Struktur für 1-zu-1-Gespräche, die für dein Team am besten geeignet ist.
- ☐ Erläutere deinem Team den Sinn und den Nutzen hinter den 1-zu-1-Gesprächen.
- ☐ Trag in deinem Kalender regelmäßige Termine für deine 1-zu-1-Gespräche ein.
- ☐ Bereite dein erstes Meeting mithilfe des Planers von Seite 65–67 und der Coaching-Fragen von Seite 68–71 vor.
- ☐ Bitte deine Mitarbeiter nach den ersten 1-zu-1-Gesprächen um Feedback zum Wert der Meetings und zu deinen Qualitäten als Zuhörer und Coach.

⇨

Deine Ideen für zusätzliche Schritte:

☐ _____

☐ _____

☐ _____

☐ _____

3. Methode

Richte dein Team auf Ergebnisse aus

Fass deine wichtigsten Erkenntnisse zu dieser Methode kurz zusammen:

___

___

Überleg dir, wie du dein Denken in Bezug auf diese Methode verändern kannst:

___

___

Kreuz die Schritte an, die du ganz konkret unternehmen wirst. Trag dir gleich entsprechende Termine in deinen Kalender ein.

- ☐ Triff dich mit deinem Vorgesetzten, um zu verstehen, welche Ziele er verfolgt. Frag aktiv nach, welche Ziele er sich für dein Team wünscht. Finde auch heraus, wie diese Ziele mit den Prioritäten der Organisation zusammenhängen.
- ☐ Führt eine Teambesprechung zur Abklärung eurer Ziele durch. Erklär deinen Mitarbeitern im Rahmen der Besprechung auch den Zweck und die Struktur deiner wöchentlichen Commitment-Meetings.
- ☐ Erstellt ein Scoreboard, um den Fortschritt im Hinblick auf eure Ziele sichtbar zu machen.
- ☐ Überleg, welche Aufgaben du an Mitarbeiter delegieren könntest. Achte besonders auf Tätigkeiten, die deinen Mitarbeitern helfen, sich weiterzuentwickeln. Delegiere diese Aufgaben nach der auf den Seiten 88–95 beschriebenen Vorgehensweise. Nutze deine 1-zu-1-Gespräche zur Nachbereitung.

⇨

- ❏ Führe jede Woche 15- bis 20-minütige Commitment-Meetings mit deinem Team durch, um eure Fortschritte anhand eures Scoreboards zu überprüfen.
- ❏ Feiere jedes erreichte Ziel mit deinem Team. Feiert, was das Zeug hält. Vergesst falsche Bescheidenheit!

Deine Ideen für zusätzliche Schritte:

- ❏ _____
- ❏ _____
- ❏ _____
- ❏ _____

4. Methode

Schaffe eine Feedback-Kultur

Fass deine wichtigsten Erkenntnisse zu dieser Methode kurz zusammen:

_____

_____

Überleg dir, wie du dein Denken in Bezug auf diese Methode verändern kannst:

_____

_____

Kreuz die Schritte an, die du ganz konkret unternehmen wirst. Trag dir gleich entsprechende Termine in deinen Kalender ein.

- ❒ Mach dir klar, ob du eher zu viel Mut oder zu viel Rücksicht tendierst. Gibt es Situationen, Personen oder Themenbereiche, bei denen du das Verhältnis von Mut und Rücksicht überdenken solltest?
- ❒ Ruf dein Team zusammen und sag deinen Mitarbeitern, dass du von jetzt an mehr Feedback geben und empfangen willst.
- ❒ Gib bei Bedarf Feedback mit dem Planer von Seite 135–137. Bereite dich auf besonders schwierige Gespräche vor, indem du das Ganze vorab als Rollenspiel durchexerzierst.
- ❒ Bitte im Lauf des nächsten Monats mindestens eine Person um Feedback. Verwende dazu die sechs Schritte von Seite 130–134.

Deine Ideen für zusätzliche Schritte:

❒ _____

❒ _____

5. Methode

Steuere dein Team durch die Veränderung

Fass deine wichtigsten Erkenntnisse zu dieser Methode kurz zusammen:

_____

_____

Überleg dir, wie du dein Denken in Bezug auf diese Methode verändern kannst:

_____

_____

Kreuz die Schritte an, die du ganz konkret unternehmen wirst. Trag dir gleich entsprechende Termine in deinen Kalender ein.

Vor dem Veränderungsprojekt:
- ❏ Mach dir anhand der Fragen von Seite 147 Gedanken zu deiner Toleranz gegenüber Veränderungen.

Während des Veränderungsprojekts:
- ❏ Wenn du von der Veränderung noch nicht vollkommen überzeugt bist, triff dich mit deinem Vorgesetzen, um mehr darüber zu erfahren.
- ❏ Kündige deinen Mitarbeitern die Veränderung an. Verwende dazu den Leitfaden von Seite 173–175 und die Tipps zur 1. Fähigkeit von Seite 146–148.
- ❏ Sprich mit deinen Mitarbeitern in euren 1-zu-1-Gesprächen über die Veränderung.
- ❏ Legt, wenn erforderlich, neue Ziele fest und gestaltet ein neues Scoreboard.
- ❏ Feiert kurzfristige Fortschritte.

Nach dem Veränderungsprojekt:
- ❐ Bitte in deinen 1-zu-1-Gesprächen um Feedback dazu, wie du deine Mitarbeiter besser durch die Veränderung steuern kannst. Verwende dazu die Fragen von Seite 168–170.

Deine Ideen für zusätzliche Schritte:

❐ _____

❐ _____

❐ _____

❐ _____

6. Methode

Setze deine Zeit und Energie richtig ein

Fass deine wichtigsten Erkenntnisse zu dieser Methode kurz zusammen:

_____

_____

Überleg dir, wie du dein Denken in Bezug auf diese Methode verändern kannst:

_____

_____

Kreuz die Schritte an, die du ganz konkret unternehmen wirst. Trag dir gleich entsprechende Termine in deinen Kalender ein.

- ❒ Bestimme deine persönlichen Hochphasen im Tagesverlauf. Stimme deinen Kalender nach Möglichkeit darauf ab.
- ❒ Mach den Selbsttest von Seite 184–185. Leg fest, an welcher Energiequelle du arbeiten willst. Überleg dir auch, was du beenden, beginnen oder beibehalten kannst, um dich in Bezug auf diese Quelle zu verbessern.
- ❒ Trag im Kalender feste 30-Minuten-Termine für deine Wochenplanung ein.
- ❒ Gewöhn dir an, jeden Tag fünf bis fünfzehn Minuten für die Tagesplanung zu verwenden.
- ❒ Versuch, das Energielevel in der nächsten Teambesprechung zu erhöhen. Nutz dazu die Tipps von Seite 204–206.

Deine Ideen für zusätzliche Schritte:

☐ _____

☐ _____

☐ _____

☐ _____

Persönlicher Aktionsplan

So werde ich die Führungskraft, die meine Mitarbeiter wirklich verdienen

Datum: _____

Welche Art von Führungskraft braucht mein Team in der aktuellen Unternehmenssituation? Welche Art von Führungskraft sollte ich nach den Vorstellungen meiner Organisation sein?

_____

_____

_____

Was müsste ich ändern, um die Führungskraft zu werden, die meine Mitarbeiter brauchen und wirklich verdienen?

_____

_____

_____

Wenn ich zehn Jahre in die Zukunft gehe und auf heute zurückblicke: Was sollen meine Mitarbeiter über diese Zeit in ihrem Leben erzählen? Wie sollen meine Mitarbeiter meine Führungsqualitäten beschreiben? Und: Welche Ergebnisse möchte ich bis dahin erzielt haben?

_____

_____

_____

Was muss ich in den kommenden Monaten tun, um meine Vision Wirklichkeit werden zu lassen?

_____

_____

_____

Welche Hindernisse könnten mir auf dem Weg zur effektiven und erfolgreichen Führungskraft begegnen? Wie kann ich diese Hürden überwinden?

_____

_____

_____

Was kann ich tun, damit ich an der Umsetzung meiner Vision konsequent dranbleibe und mich nicht von anderen Dingen ablenken lasse?

_____

_____

_____

Wann und wie kann ich meine Fortschritte in den kommenden Wochen und Monaten messen? Und: Wenn ich nicht auf Kurs bin, wie kann ich dann umgehend entsprechende Anpassungen vornehmen?

_____

_____

_____

Anmerkungen

1 Christensen, Clayten M., Karen Dillon, James Allworth: Wege statt Irrwege: Wo Menschen und Firmen die gleichen Fehler machen und warum Wirtschaftstheorien uns zu einem glücklicheren Leben verhelfen können, Books4Success, 2015.
2 Gallup, Inc.: »Managers Account for 70% of Variance in Employee Engagement«, https://news.gallup.com/businessjournal/182792/managers-account-variance-employee-engagement.aspx.
3 Kastelle, T.: »Hierarchy Is Overrated«, 20. November 2013, https://hbr.org/2013/11/hierarchy-is-overrated.
4 Zenger, J.: »We Wait Too Long to Train Our Leaders«, 17. Dezember 2012, https://hbr.org/2012/12/why-do-we-wait-so-long-to-trai.
5 Gallup, Inc.: »How Employee Engagement Drives Growth«, 20. Juni 2013, https://www.gallup.com/workplace/236927/employee-engagement-drives-growth.aspx.
6 Losada, M., und Heaphy, E.: »The Role of Positivity and Connectivity in the Performance of Business Teams«, 1. Februar 2004, American Behavioral Scientist 47(6), S. 740–765: https://pdfs.semanticscholar.org/41b2/b19f4c52e8b7a7385c-3c637b12278d3c2741.pdf.
7 Senge, Peter M.: The Fifth Discipline, London: Random House Business, 2006.
8 Godin, Seth: »Survival Is Not Enough«, 31. Dezember 2001, https://www.fastcompany.com/44216/survival-not-enough.
9 »Only One Quarter of Employees Are Sustaining Gains from Change Management Initiatives, Towers Watson Survey Finds«, 29. August 2013, https: https://www.programbusiness.com/news/Only-One-Quarter-of-Employers-Are-Sustaining-

Gains-From-Change-Management-Initiatives-Towers-Watson-Survey.
10 Christensen, C. M., Allworth, J., und Dillon, K.: Wege statt Irrwege – wo Menschen und Firmen die gleichen Fehler machen und warum Wirtschaftstheorien uns zu einem glücklicheren Leben verhelfen können, books4success, 2015.
11 Wigert, Ben und Sangeeta Agrawal: »Employee Burnout, Part 1: The 5 Main Causes«, 12. Juli 2018, https://www.gallup.com/workplace/237059/employee-burnout-part-main-causes.aspx.
12 Amen, Dr. Daniel: »Invest in your most important asset – your brain«, im Interview mit Scott Miller, Juli 2018, https://resources.franklincovey.com/home/on-leadership-with-scott-miller-episode-08-dr-daniel-amen.

Index

1-zu-1-Gespräche 19, 31, 40 ff.
1-zu-1-Gesprächsplaner 49, 65 ff.

Aktionsplan 224 ff.
Allworth, James 157
Amen, Daniel 186
Arbeitsklima 43
Automattic 16

Bestärkendes Feedback 105 ff.
Bewegung 185, 190
Beziehungen 20, 27, 34, 183, 185, 189, 206
Burn-out 82, 178, 181, 202

Cahill, Rob 12
Carstensen, Aimie-Sarah 7 f.
Charan, Ram 16
Christensen, Clayton M. 9, 157
Coaching-Fragen 56 f., 68 ff. 215
Commitment-Meetings 86 ff., 217 f.
Covey Leadership Center 13, 230
Covey, Stephen R. 10, 28, 62, 67, 102, 196

Denkgewohnheit 23, 26, 28, 30 f.
Der Weg zum Wesentlichen 192
Die 4 Disziplinen der Umsetzung 83
Die 4 essenziellen Führungsrollen 231
Die 7 Wege zur Effektivität 10, 96, 98, 231
Dillon, Karen 157

Energie- und Leistungskurve 49 f., 181 ff.
Energielevel 181 ff., 222
Energiequellen 183 ff.
Energierhythmus 182
Engagementstufe 43
Entdecken Sie Ihre Stärken im Verkauf! 29
Entdecken Sie Ihre Stärken jetzt! 29
Entscheidungsmanagement 194
Entspannung 183 f., 187 f., 207
Entspannungsrituale 187
Ernährung 183 f., 187 f., 207

Feedback 101 ff.
Feedback-Gespräch 116, 119
Feedback-Kultur 101 ff.
Feedback-Sandwich 106
Fehler 32 ff., 94 f., 112, 163 f.
First Line Manager 16
Flipper-Syndrom 194
Führungsebenen 17, 146
Führungskonzept 11, 18
Führungsparadigmen 30
Führungstraining 17
Führungsverantwortung 11, 16, 20 f., 33, 77

Gallup 7, 9, 29, 42, 178
Gehirnforschung 181
Genie-Macher 210 ff.
Godin, Seth 141
Goldsmith, Marshall 30

Harvard Business Review 16 f., 231
Heaphy, Emily 106 f.
Home-Office 40, 51, 110

Jhana 10

Komfortzone 92, 102, 163
Konfettikanonen 96 f.
Korrigierendes Feedback 111 ff.

Leadership-Kompetenzen 11
Leadership-Systeme 235
Lee, Blaine 92
Leistungskurve 49 f., 160, 181 f.
Lincoln, Abraham 37
Losada, Marcial 106 f.

Managementausbildung 11
Management Mess to Leadership Success 230
McChesney, Chris 83
Merrill, Roger 192
Michaels, Jillian 193
Mikromanagement 29, 74, 78
Mikromanager 89
Mitarbeiterengagement 42 ff., 51
Motivatoren 9, 76
Mut 102 f., 116, 219

Neurowissenschaftler 186
Nullsummenspiel-Mentalität 30

Paradigma 23 ff., 27 f., 34, 157, 179, 190, 206 f., 211
Perfektionist 124
Personalstrategie 15
Pink, Daniel H. 49, 203
Problemlöser 104
Problemlösungsmodus 62

Rechtfertiger 123
Rücksicht 102 f., 111, 161, 219

Schlaf 183, 186 f.
»Schwarze-Pisten«-Paradigma 25 ff.
Scoreboard 30, 83 ff., 163, 217, 220
Sehen-Tun-Erreichen-Zyklus 25 ff.
Senge, Peter M. 139

Tannen, Deborah 59
Telearbeit 16, 40, 50 f., 148
The Power Principle 92

Überreagierer 123 f.
Umsetzung 213 ff.

Veden 181
Veränderungen 32, 70, 139 ff.
Veränderungskurve 142 ff., 169, 171
Veränderungsmanagement 142
Veränderungsmodell von FranklinCovey 141 ff.
Verbesserer 126
Verhaltensänderung 26 ff.
Video-Telefonie 51 f., 148
Vorab-Vergebung 95

Walt Disney Company 13
Wege statt Irrwege 9, 157
Werde besser! 15 bewährte Strategien zum Aufbau effektiver Beziehungen im Job 15, 34, 194
What Got You Here Won't Get You There 30
When – Der richtige Zeitpunkt 49
Wikipedia für Vorgesetzte 9
Wiseman, Liz 210
WordPress 16

Zeitmanagement 177, 180, 194 ff.
Zonen der Veränderung 142 ff.
Zuhören 59 ff.
Zuhörmodus 62
Zuhörtechnik 59 f.

Die Autoren

Scott Miller ist Executive Vice President of Thought Leadership bei FranklinCovey. Er moderiert den wöchentlichen Webcast, Podcast und Newsletter *On Leadership with Scott Miller*. Hier interviewt er renommierte Wirtschaftsvertreter, Autoren und Experten. Zudem schreibt er eine wöchentliche Führungskolumne für Inc.com und verfasst regelmäßig Beiträge für Arianna Huffintons *Trive Global* und das *American City Business Journal*. Scott Miller ist Autor des FranklinCovey-Titels *Management Mess to Leadership Success – 30 Challenges to Become the Leader You Would Follow*.

In seinen früheren Rollen als Executive Vice President of Business Development und Chief Marketing Officer leitete Scott die weltweite Neuaufstellung der Marke FranklinCovey. Er kam 1996 als Client Partner zur Education Division des Covey Leadership Center.

Scott begann seine berufliche Laufbahn 1992 bei der Disney Development Company. Hier arbeitete er in dem Entwicklungsteam, das die Disney-Stadt Celebration in Florida konzipierte. Heute lebt Scott zusammen mit seiner Frau und seinen drei Söhnen in Salt Lake City, Utah.

Todd Davis blickt auf über 30 Jahre Erfahrung in Personalführung, Talententwicklung, Führungskräfterekrutierung, Vertrieb und Marketing zurück. Er ist seit mehr als 20 Jahren für FranklinCovey tätig. Aktuell ist er zuständig für die Mitarbeiterentwicklung in mehr als 40 FranklinCovey-Niederlassungen, die in 160 Ländern auf der ganzen Welt aktiv sind.

Todd Davis leitete die Entwicklung zahlreicher Kernangebote von FranklinCovey. Er trat als Redner auf führenden Konferenzen wie dem World Business Forum, dem Chief Learning Officer Symposium, der Association for Talent Development und HR.com auf.

Als weltweit anerkannter Vordenker wurde Todd von zahlreichen Zeitschriften und Fachmagazinen interviewt – darunter *Fast Company*, *Harvard Business Review* und *Thrive Global*.

Todd vertrat das Institute of Human Resources im Board of Directors von HR.com. Zudem ist er Mitglied der Association for Talent Development (ATD) und der Society for Human Resource Management (SHRM). Er lebt mit seiner Familie in Holloday, Utah.

Victoria Roos Olsson ist Senior Leadership Consultant bei FranklinCovey. Sie ist Expertin für Führungskräfteentwicklung und trainiert, entwickelt und coacht seit über 20 Jahren Manager in aller Welt. Zudem hat sie die Weiterbildungsabteilungen großer Unternehmen in Europa und im Nahen Osten geleitet – darunter Jumeirah und Hilton.

Ob 20 oder 2000 Zuhörer: Victoria Olsson ist eine erfahrene Rednerin, die ihr Publikum zu fesseln versteht. Sie ist Expert Facilitator für mehrere FranklinCovey-Angebote und hat an der Entwicklung der Programme *Die 7 Wege zur Effektivität* und *Die 4 essenziellen Führungsrollen* mitgewirkt. Scheinbar mühelos verbindet sie Begeisterung mit Fokus und Dynamik und hilft Führungsteams, die angestrebten Ergebnisse zu erzielen.

Victoria ist gebürtige Schwedin. Sie hat einen Bachelor in Betriebswirtschaftslehre und Hotelmanagement von der angesehenen Hotelschule The Hague in den Niederlanden.

Als passionierte Verfechterin einer ganzheitlichen Unternehmensführung profitiert Victoria von ihrer Erfahrung als zertifizierte Yoga-Lehrerin und Lauftrainerin. Gemeinsam mit ihrer Schwester betreibt sie den Podcast *Roose&Shine*, der Abonnenten in 70 Ländern hat. Sie führt mit ihrem Mann und ihren beiden Töchtern ein international geprägtes Leben.

Über FranklinCovey

FranklinCovey ist ein internationales Beratungs- und Trainingsunternehmen, das auf die Entwicklung von Unternehmens- und Führungskultur spezialisiert ist. Weltweit in 150 Ländern vertreten, berät FranklinCovey mit rund 3500 Beratern in bis zu 40 Sprachen Kunden aller Branchen im Bereich der Organisations- und Personalentwicklung. Dabei ist es das Ziel, deren Unternehmenskultur als strategischen Wettbewerbsvorteil aufzubauen.

Programminhalte und Angebote

FranklinCoveys Programme wurden über viele Jahre entwickelt und orientieren sich an wissenschaftlich belegten Verhaltensmustern. Die Inhalte sind darauf ausgelegt, Führungskräften und Mitarbeitern prinzipienorientierte Einstellungen und relevante Kompetenzen zu vermitteln und ihnen zu zeigen, wie sie diese anhand von erprobten Werkzeugen umsetzen. Dabei ist das Ziel, Veränderungen auf allen Ebenen zu erreichen und somit die Kultur der Unternehmen nachhaltig zu entwickeln.

Die Kompetenzfelder von FranklinCovey sind:

- Führung
- Produktivität
- Vertrauen
- Umsetzung
- Vertrieb

Programmportfolio

FranklinCovey bietet eine große Bandbreite von innovativen, hochwertig ausgearbeiteten Trainingsformaten an, die von klassischen Workshops über Vorträge bis hin zu Online- und Blended-Learning-Konzepten reichen. Neben Firmentrainerausbildungen und IP-Lösungen ist auch die Beratung und Leitung von Change-Projekten enthalten. Für Unternehmen und Organisationen bietet FranklinCovey alle seine Trainingsinhalte und Programme sowie Webinare und Lernvideos auch als All Access Pass™ an.

www.franklincovey.com

Über FranklinCovey im deutschsprachigen Raum

Im deutschsprachigen Raum wird FranklinCovey durch Büros in Deutschland, Österreich und der Schweiz vertreten. Hier wird das Beratungs- und Trainingsspektrum von FranklinCovey in deutscher Sprache und angepasst auf unsere kulturellen Anforderungen angeboten. Darüber hinaus werden Lösungen rund um das Thema »Effektivität von Führung« für Organisationen, Teams und Individuen entwickelt und implementiert. Zudem setzt FranklinCovey auch im deutschsprachigen Raum Standards bei der Einführung nachhaltiger Leadership-Systeme.

FranklinCovey Germany GmbH
Habsburgerstraße 3
80801 München
Telefon: +49 (0) 89 45 21 48 - 0
Telefax: +49 (0) 89 45 21 48 - 48
Internet: www.franklincovey.de
E-Mail: info@franklincovey.de

FranklinCovey Switzerland GmbH
General-Guisan-Strasse 6
6303 Zug
Telefon: +41 (0) 41 71 13 730
Telefax: +41 (0) 41 71 13 731
Internet: www.franklincovey.ch
E-Mail: info@franklincovey.ch

Leadership Institut GmbH
Kärntner Ring 5-7
1010 Wien
Telefon: +43 (0) 1 32 01 622
Telefax: +43 (0) 1 32 01 623
Internet: www.franklincovey.at
E-Mail: info@franklincovey.at

»ÜBERNEHMEN SIE VERANTWORTUNG FÜR IHR LEBEN.«
STEPHEN R. COVEY

Stephen R. Covey hat mit seinen ZEITLOSEN PRINZIPIEN UND GEDANKEN neue Maßstäbe gesetzt

Internationaler BESTSELLERAUTOR und MANAGEMENTVORDENKER

DIE WICHTIGSTEN BÜCHER von Stephen R. Covey IN NEUEM LOOK

INTERNATIONALER BESTSELLER
ÜBER 30 MIO. VERKAUFTE EXEMPLARE WELTWEIT

ISBN 978-3-86936-894-8
€ 24,90 (D) / € 25,60 (A)

ISBN 978-3-86936-895-5
€ 29,90 (D) / € 30,80 (A)

ISBN 978-3-86936-722-4
€ 24,90 (D) / € 25,60 (A)

Eine Übersicht aller Bücher von Stephen R. Covey finden Sie auf **www.gabal-verlag.de**.

 Alle Titel auch als E-Book erhältlich

Dein Business

Aktuelle Trends und innovative Antworten auf brennende Fragen in den Bereichen Business und Karriere.

Anne M. Schüller,
Alex T. Steffen
Die Orbit-Organisation
ISBN
978-3-86936-899-3
€ 34,90 (D)
€ 35,90 (A)

Martin Limbeck
Limbeck. Verkaufen.
ISBN
978-3-86936-863-4
€ 59,00 (D)
€ 60,70 (A)

Stephanie Borgert
Die kranke Organisation
ISBN 978-3-86936-900-6
€ 25,00 (D) / € 25,80 (A)

Anke van Beekhuis
Wettbewerbsvorteil Gender Balance
ISBN 978-3-86936-901-3
€ 24,90 (D) / € 25,60 (A)

Andreas Buhr, Florian Feltes
Revolution? Ja, bitte!
ISBN 978-3-86936-862-7
€ 32,90 (D) / € 33,90 (A)

Ulrike Knauer
Wahres Interesse verkauft
ISBN 978-3-86936-902-0
€ 24,90 (D) / € 25,60 (A)

Günter Schmitz
Unternehmertum ist nichts für Feiglinge
ISBN 978-3-86936-865-8
€ 29,90 (D) / € 30,80 (A)

Susanne Klein
Kein Mensch braucht Führung
ISBN 978-3-86936-903-7
€ 29,90 (D) / € 30,80 (A)

 Alle Titel auch als E-Book erhältlich

gabal-verlag.de

GABAL

Lesen und lesen lassen!
Beliebte GABAL-Bücher im Hörbuchformat

 Ungekürzte Lesungen

Sylvia Löhken
Leise Menschen – gutes Leben
ISBN 978-3-86936-890-0
€ 39,90 (D) / € 44,80 (A)

Tobias Beck
Unbox your Life!
ISBN 978-3-86936-921-1
€ 29,90 (D) / € 33,60 (A)

Bernhard von Mutius
Disruptive Thinking
ISBN 978-3-86936-886-3
€ 39,90 (D) / € 44,80 (A)

Veit Etzold
Strategie
ISBN 978-3-86936-920-4
€ 39,90 (D) / € 44,80 (A)

Andreas Krebs, Paul Williams
Die Illusion der Unbesiegbarkeit
ISBN 978-3-86936-919-8
€ 39,90 (D) / € 44,80 (A)

Matthew Mockridge
Gate C30
ISBN 978-3-86936-888-7
€ 39,90 (D) / € 44,80 (A)

Peter Holzer
Mut braucht eine Stimme
ISBN 978-3-86936-889-4
€ 39,90 (D) / € 44,80 (A)

Patricia Küll
Ab heute singe ich unter der Dusche
ISBN 978-3-86936-924-2
€ 29,90 (D) / € 33,60 (A)

 Alle Titel auch als MP3-Download erhältlich

gabal-verlag.de

Bei uns treffen Sie Entscheider, Macher ... Persönlichkeiten, die nach vorne wollen

Seit 40 Jahren bildet der GABAL e.V. ein Netzwerk für Menschen, die sich mit Persönlichkeitsentwicklung, Weiterbildung und Führungskompetenz befassen.

„Austausch, Praxisnähe, Inspiration und Professionalität – dafür ist GABAL e.V. mit seinen Angeboten ein Garant."
(Anna Nguyen, Lecturer Universität zu Köln)

Drei gute Gründe, warum sich rund 800 Mitglieder für GABAL entschieden haben und warum auch Sie dabei sein sollten:

1. Neue Impulse, Ideen und Strategien auf regionalen und nationalen Veranstaltungen mit White Papers, Webinaren, Newsletter und Printmagazinen.
2. Sie treffen sowohl Trainer, Berater und Coaches als auch Führungskräfte und Entscheider.
3. Sie erhalten viele wertvolle Vorteile, wie das Fachmagazin wirtschaft+weiterbildung, jährlich einen Buchgutschein im Wert von 40 € und vieles mehr ...

GABAL e.V.
Budenheimer Weg 67
D-55262 Heidesheim
Fon: 0 61 32 / 509 50 90
info@gabal.de

Neugierig geworden?
Besuchen Sie uns auf
www.gabal.de